ディジタル設計者のための
電子回路（改訂版）

工学博士
天 野 英 晴 著

コロナ社

改訂版のまえがき

　本書は，ディジタル回路の論理設計，アーキテクチャ設計を行う際に必要な回路レベルの知識と設計技術を習得することを目的としています。従来のディジタル電子回路，あるいはパルス，ディジタル回路と呼ばれていた分野をカバーします。

　ディジタル IC の急激な発達は，かつてディジタル電子回路分野で行われていた高等教育を完全に時代遅れのものにしました。最近の IC は，いわばブラックボックスとして使われ，中身のトランジスタなり FET なりがどのような回路で構成されているかを知ることは，設計自体とあまり関係がなくなりました。したがって，トランジスタのレベルで回路構成を勉強しても得るべきものが少なく，また，理解しようとしても新しい IC は回路構成が複雑過ぎてわかりにくく，しかもどんどん新しい種類のデバイスが現れます。

　さらに，二つのテクノロジトランスファが起きました。一つは，ディジタルデバイスが，小規模なものから大規模なものに至るまで，いわゆる普通のトランジスタを用いた TTL から CMOS に移り，全ディジタル回路における CMOS の優位が確定した点です。もう一つは，PLD(programmable logic device)，FPGA(field programmable gate array)，システム LSI の急激な発展により，いままでの 74 シリーズを中心としたディスクリートデバイスが大規模な LSI のつなぎの位置まで転落したことです。

　このような状況のもとで，従来のパルス，ディジタル回路の本で書いてあった知識のほとんどは実際の設計の役に立たなくなっています。このため，多くの大学ではこの科目をなくすか，時代遅れの授業をやらざるを得なくなっています。

　ところが，現実にこの分野の知識や技術が世の中で必要ないかというと，逆

に最近その必要性は増大しています．現在，CAD の発達により，論理レベルの設計については，ほぼ完全に自動化されています．現在，ブール代数，カルノー図などの簡単化を中心とした古典的な論理回路レベルの設計技術は，理論的な基礎を勉強するためになっても，実際の設計の役に立つことはありません．それでも技術者は，製品を開発する際，どの素子を使うか，どの IC を使うか，売っている素子を買ってくるのか，プログラマブルデバイスを使うのか，それともシステム LSI を開発するのか，作るとするとどのような LSI を作るのかなどという選択をつねに要求されるわけです．このような判断には，デバイスの回路レベルの知識をもち，電気的特性を熟知する必要があります．

本書はこのようなニーズに適合するため，論理設計は最初の簡単な復習を除いて完全に切り離して他書に譲り，ディジタルデバイスの回路レベルの構成法，電気的特徴，利用法に集中して紹介しています．記述はできる限り実際的なデバイスを用い，設計例を多くあげ，例題や演習を通じて得られた知識がシステムレベルの設計やアーキテクチャレベルの設計に役に立つように心掛けました．ブール代数等の論理設計を先に習得した後，本書によりディジタルデバイスに関する知識を得ることにより，電気的特性，動作速度，消費電力等を含めてディジタルシステムを実際的に設計する能力が身につきます．さらに，LSI チップを設計するための基礎にもなります．本書が将来ディジタルシステムを実際に設計する方々のお役に立つことを願っています．

本書は 1996 年に出版した初版を，時代の変化に合うように改訂を行ったものです．初版は，相当先を見越して書いたつもりだったのですが，この分野の進展の早さは本当に驚くべきものがあります．多くの間違いを見つけていただき，貴重なコメントをいただいた現在東京工科大学の塙 敏博君，(株)東芝の亀井貴之君，科学技術振興事業団の舟橋啓君に感謝します．

2004 年 7 月

天野　英晴

目 次

1. はじめに

- 1.1 アナログ回路とディジタル回路 1
- 1.2 ディジタル回路の設計フロー 2
- 1.3 本書の目的 5
- 1.4 ディジタルICの種類 6
- 1.5 論理設計の復習 8
  - 1.5.1 MIL 記号法 8
  - 1.5.2 組合せ回路の設計法 10
  - 1.5.3 順序回路の設計法 12

2. CMOSの動作原理と特性

- 2.1 CMOSのスイッチングモデル 15
  - 2.1.1 基本回路 15
  - 2.1.2 さまざまなCMOS回路 19
  - 2.1.3 トランスミッションゲートとパストランジスタロジック 20
- 2.2 MOS-FETの構造と動作 22
  - 2.2.1 MOS-FETの基本構造 22
  - 2.2.2 CMOSのレイアウト 27
- 2.3 CMOSゲートの電気的特性 33
  - 2.3.1 CMOSの静特性 34
  - 2.3.2 CMOSの動特性 44
  - 2.3.3 CMOSの発展と低電圧化 49
  - 2.3.4 CMOS利用上の注意 52

3. BJTを基本とするディジタルIC

- 3.1 ダイオードのモデル化と基本ゲートの構成 59

3.1.1	ダイオード	59
3.1.2	ダイオードを用いたゲート	61
3.2	DTL	65
3.2.1	BJT の直流特性	65
3.2.2	DTL の構成	68
3.3	TTL	72
3.3.1	TTL の動作原理	72
3.3.2	ショットキーバリヤダイオードを用いた TTL	78
3.4	規格表から見た TTL の特性	80
3.4.1	静 特 性	82
3.4.2	動 特 性	86
3.5	BiCMOS	87

4. 特殊な特性をもつ素子

4.1	オープンコレクタ/ドレーン出力	90
4.1.1	オープンコレクタ/ドレーンとは	90
4.2	3ステート出力	92
4.3	シュミットトリガ入力	94

5. 記憶素子その1：フリップフロップ

5.1	ラッチと記憶素子の基本回路	100
5.1.1	$\overline{SR}$ ラッチ	100
5.1.2	D ラッチ	103
5.2	同期動作をするフリップフロップ	106
5.2.1	同期動作の必要性	106
5.2.2	D-フリップフロップ	108
5.2.3	JK-FF	110
5.2.4	その他の FF と相互変換	112
5.3	FF の 動 特 性	114
5.3.1	セットアップタイム，ホールドタイム	114
5.3.2	同期式順序回路の最大動作周波数	117
5.4	エッジ動作 FF の構成法	119

6. 記憶素子その2：メモリ

- 6.1 読み書き可能なメモリ：RAM（RWM） *125*
  - 6.1.1 スタティック RAM（SRAM） *126*
  - 6.1.2 ダイナミック RAM（DRAM） *132*
  - 6.1.3 DRAM の内部構造 *136*
  - 6.1.4 同期形 DRAM *138*
- 6.2 読み出し専用メモリ：ROM *142*
  - 6.2.1 ROM の分類 *142*
  - 6.2.2 フラッシュROM の使い方 *143*
  - 6.2.3 フラッシュROM の内部構造 *144*

7. PLD と FPGA

- 7.1 小規模なプログラマブル IC：PLD *148*
  - 7.1.1 組合せ回路用の PLD *148*
  - 7.1.2 LUT 方式 *151*
  - 7.1.3 順序回路の構成 *152*
- 7.2 CPLD と FPGA *153*
  - 7.2.1 CPLD と FPGA の構造 *153*
  - 7.2.2 デバイス技術 *155*
  - 7.2.3 最近の FPGA *157*
  - 7.2.4 FPGA や PLD の設計 *159*

8. LSI 設計へ向けて

- 8.1 IC の外見と中身 *162*
  - 8.1.1 パッケージ *162*
  - 8.1.2 ウェーハとダイ *165*
- 8.2 LSIの設計方式 *166*
- 8.3 LSI 開発工程 *169*

9. 回路シミュレーション

- 9.1 回路シミュレーションの原理 *173*
  - 9.1.1 各素子の等価回路 *173*
  - 9.1.2 節点方程式による解法 *175*

参　考　文　献 *178*
章末問題解答 *179*
索　　　引 *185*

1 はじめに

1.1 アナログ回路とディジタル回路

かつて電子回路といえば，アナログ回路のことで，ディジタル回路は，時計，計算機，シーケンス制御などの特殊な分野に用いられるにすぎませんでした。ところが，ディジタル回路は，音響，無線，画像等，かつてアナログ回路の専門だった分野にもつぎつぎに進出し，現在，純粋なアナログ回路からなる製品はむしろ珍しいものになってしまいました。

これは，アナログ回路とディジタル回路の本質的な違いから生じています。アナログ回路が一定の範囲の電圧や電流の値自体を意味のあるものとして考えるのに対して，ディジタル回路は一定の値（これをしきい値またはスレッショルドレベルと呼びます）より低ければ L レベル（low level），高ければ H レベル（high level）と考えます。このため，素子一つについて考えた場合，アナログ回路はディジタル回路よりはるかにいろいろなことができます。例えば，アナログのオペアンプを 1 個もってくれば，周辺の回路を工夫することで，増幅，加算，減算，微分，積分などが簡単にできてしまいます。これに対し，ディジタル回路は例えば NAND ゲート 1 個をとってみると本当に単純なことしかできず，これで加算を行おうと思ったら数十ゲートから数百ゲートを必要としてしまいます。

その代わりディジタル回路は，単純化したために，動作が高速です。後に詳しく述べますが，アナログ回路が入力波形を「増幅」するのに対し，ディジタ

ル回路の動作は，あらかじめ用意しておいた電圧をある条件でそのまま出力する「スイッチング」です。このためディジタル回路は，アナログ回路に比べれば4けたから5けた程度高速です。さらに，アナログ回路の特性は，抵抗やコンデンサの精度，素子のばらつきなどに大きく影響を受け，素子間の接続によっても特性が変化しますが，ディジタル回路は，一定のルールを守れば，このようなことを考慮する必要なく多数の素子をどんどん接続することができます。つまり，ディジタル回路は，個々の素子は単純な構造ですが，やたらに速くて，しかもあまり難しいことを考えずに多数使うことができるのです。ディジタル回路は「数で勝負」する回路であるといえます。

このような特徴により，トランジスタ1個の価格が高かった時代は，素子一つでいろいろなことができるアナログ回路のほうが有利でした。ところが，半導体の集積度の向上はすばらしく，最近は数千万トランジスタが1個のチップに納まる時代となりました。このような時代では，いままでアナログ回路を用いていた分野でも，わざわざ入力された値をディジタル化してディジタル回路を用いたほうが，優れた性能を安価で簡単に得られるようになったわけです。半導体の集積度はだいたい3年間で2倍になっており，現在のところこの勢いは衰えていませんので，ディジタル回路にはますます有利な状況になっています。

1.2 ディジタル回路の設計フロー

さて，いま，画像認識装置なり，携帯端末なり，あるいは目覚し時計でもなんでもいいから，なにかディジタル回路の製品を開発するとしましょう。まず，やらなければいけないことは，その製品の仕様設計を明らかにすることです。だれが，どのような目的で，どのようにして用いるかにより，性能，価格，サイズ等が決定されます。性能は高いほどよくコストは安いほどよいのですが，もちろん，これらは両立しないため，どこかの線で妥協が行われるわけです。この結果，どのようなデバイスを用いてどのような技術に基づいてそのシステ

ムが作られるかが決まります。これが最も重要な**システムレベル**の設計です（**図 1.1**）。複雑なディジタルシステムは，制御用のマイクロプロセッサ上のプログラム（ソフトウェア）と，特殊な処理を行うディジタル回路（ハードウェア）が協調作業をする場合が多いです。このような場合のために，最近はプログラミング言語を用いてソフトウェアとハードウェアを同時に設計，検証を行う協調設計技術が発達しています。

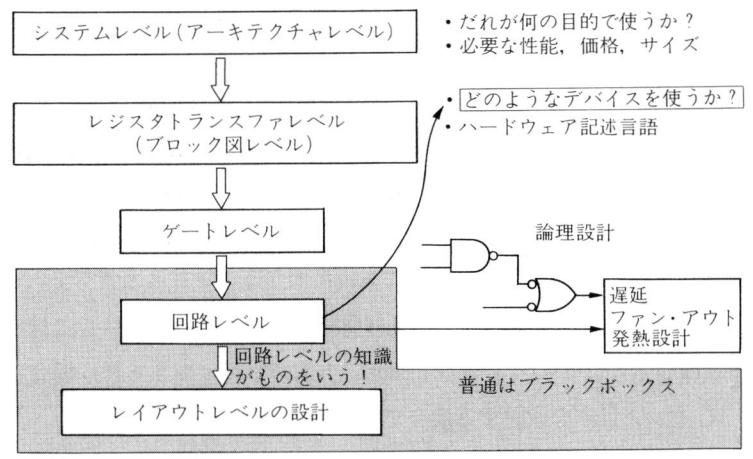

図 **1.1** ディジタル回路の設計フロー

システムレベルの仕様が決まるとブロック図を書いて，全体の大まかな構成について検討します。これを**レジスタトランスファレベル**の設計，あるいはブロック図レベルの設計といいます。最近は，ハードウェア記述言語（HDL:hardware description language）が普及し，プログラミング言語に似た記述で，このレベルの設計を行うのが一般化しています。記述されたシステムは，シミュレータによりその動作を確認します。CAD（computer aided design）の発達により，ディジタルシステムの設計は，その工程の至るところで自動化が進んでいます。このレベルの設計が終了すると，場合によっては，残りのすべての工程が，論理合成用の CAD によって自動的に実行され，回路

図，基板上の配線図，チップ上のレイアウトが作成されます。

さて，論理合成用 CAD を用いない場合は，人手で論理設計を行う必要があります。これが，**ゲートレベル**の論理設計です。ここでは，論理シミュレーションにより，機能を検証し，動作速度が要求を満足しているかを検討します。さて，ゲートレベルのつぎは回路レベルの設計ですが，現在の設計では，できあいの回路を使うため，人手でやることはほとんどありません。むしろ，これから先の実装レベルでは，設計者が頭を使わなければならない場合が多いです。

TTL，CMOS の IC を買ってきて，基板上に実装する場合，プリント基板上の配置，配線ツールを用いて基板の設計を行います。内部の回路をユーザがプログラムすることができる IC を利用する場合も増えており，専用の CAD を用いて設計を行います。IC チップ自体を設計する場合は，ゲートアレイ方式かセルベースド方式かフルカスタム方式かによって，設計の工程が異なります。ゲートアレイ方式を用いる場合は，CAD によりほとんど自動的に IC レイアウトの作成が行われますが，セルベースド方式では人手でゲートの配置をある程度決める必要があり，フルカスタムでは人手ですべての工程を行う必要があります。半導体プロセス技術が進むにつれて，配線遅延が全体の性能に与える影響が大きくなっており，レイアウトレベルの設計はますます重要になりつつあります。

さて，本書は「電子回路」と題している以上，ディジタル回路の回路レベルの設計を扱います。すなわち，トランジスタを組み合わせていかにディジタル回路を作るのかを問題とします。ところが，設計フローの中で回路レベルは最も「やることがない」設計レベルです。2 章で少し触れますが，かつて，nMOS のフルカスタム方式で IC を設計する場合は回路設計がある程度必要でしたが，CMOS の普及とともに，使うトランジスタのサイズや回路方式は固定化し，特殊な場合を除いては回路レベルの設計を行うことはほとんどなくなりました。このため，現在は IC チップを買ってきて使う場合はもちろん，ユーザプログラマブルな IC を設計する場合，IC チップ自体を設計する場合ですら，ディジタル回路の素子は，ゲートレベルでブラックボックスになってし

まい，回路レベルの設計はすでにできあがった状態です．トランジスタを組み合わせるレベルの設計を自分で行うことは，まずありません．

1.3 本 書 の 目 的

では，本書の知識は設計者にとって役に立たないか，というと，もちろんそんなことはないのです．まず，回路レベルあるいはデバイスの知識は，最も重要な設計レベルである，システムレベルの設計にとって重要です．ある製品を作るのに，最も重要な設計上の決定は，その製品をどのようなデバイスを使ってどのような技術に基づいて作るか？という点です．TTLの74シリーズを買ってきてプリント基板上に作るのか？CMOSを使うのか？ECLやGaAs等の高速デバイスが必要になるのか？専用チップを使わず，小規模のプログラム可能な論理素子であるPLD（programmable logic device）を使うのか？大規模な書き換え可能なFPGA（field programmable gate array）を使うのか？それともASIC（application specific IC）と呼ばれる専用目的ICチップを作ってしまうのか？等のさまざまな選択肢が存在します．

この選択は製品の性能とコスト，外見までも決定するため，正しい選択を行うためには，それぞれのデバイスの電圧レベル，消費電力（発熱），動作速度，集積度，ピン数，チップの形状，価格と入手のしやすさ，ノイズに対する強さ，実装の容易さ等，電気的，物理的な特性をかなり深く知ることが必要です．それには，デバイスの構造を回路構成も含めて理解することが大きな助けとなります．

つぎに回路レベルの知識は，レジスタトランスファレベルやゲートレベルの設計にも大きな影響を与えます．論理設計ができても，ファンアウトや消費電力，動作速度を規格表から読み取ることができなければ，実際に動くディジタルシステムは設計できません．

論理回路の設計は，現在ほぼCADにより完全に自動化されています．組合せ回路の設計法，ブール代数，カルノー図などの簡単化，順序回路の設計法，

概念自体は将来にわたっても重要ですが，これらを人手で行う技術を磨く必要はすでになくなっています。今後のディジタルシステム設計者は，デバイス，回路レベルの知識を十分もち，CAD を手足として使いこなすことが，重要になっていきます。本書は，このようなディジタルシステムの入門者，設計者が上位レベルから見たディジタルシステムのデバイス，回路レベルの知識を得るためのテキストです。

1.4 ディジタル IC の種類

まず，基本的なディジタル IC を紹介します。いわゆるディジタル IC を整理するには，集積の規模とデバイスの種類に着目します。規模によって分類するとつぎのようになります。

〔1〕 集積の規模

SSI（small scale integrated circuit）：小規模集積回路　　数十トランジスタ。NAND，NOR，AND，OR 等の基本ゲート。

MSI（middle/medium scale integrated circuit）：中規模集積回路　数百〜数千トランジスタ。デコーダ，フリップフロップ，カウンタ等のある程度の複雑さをもった回路。

LSI（large scale integrated circuit）：大規模集積回路　　数万〜数十万トランジスタ。マイクロプロセッサ，メモリ，携帯電話の中に入っている IC などの特定用途 IC。

VLSI（very LSI）：超大規模集積回路　　LSI のレベルを超え，現状で最高レベルの集積度をもつ IC。LSI との境界線は明確ではなく，年ごとに変わっています。2004 年現在，一千万トランジスタ程度あれば，VLSI といっても恥ずかしくないでしょう。

ULSI（ultra LSI）：超々大規模集積回路　　VLSI を超える規模で，未来的なイメージがあります。

LSI，VLSI などの言葉は新聞でも見かけると思います。トップレベルの半導

体の集積度は1年で約25％，3年で2倍になるといわれており，言葉の意味する範囲も，年とともに変わっていくと思ったほうが安全です。

つぎに，使用する半導体，トランジスタの種類で分類してみます。

(1) MOS（metal oxide silicon）-FET（field effect transistor）：FETはアナログ回路でなじみのトランジスタと違って，接合部を一つしかもっておらず，低消費電力で，IC上に高集積度で実装することができます。

- nMOS：必要トランジスタ数がCMOSより小さいため，かつてLSIの多くに用いられました。最近は動作速度，回路設計の容易さの点でCMOSに押され，メモリ等の一部を除いて使われなくなりました。

- CMOS：nMOS-FET，pMOS-FETのペアを基本とします。ICを作るプロセス技術の発展により，その高速性を生かせるようになり，LSIのほとんどを占めるようになりました。また，小規模のSSI，MSIの分野にも進出し，ディジタル回路全体に用いられる素子となりました。

(2) BJT（binary junction transistor）：ディジタル回路のデバイスはMOS-FETが広く使われているので，普通のトランジスタのことを特にこのように呼びます。高速ですが消費電流が大きいので，発熱が大きく，集積度はあまり大きくできません。このため，SSIやMSI向きです。

- TTL（transistor transistor logic）：かつては小規模なICを用いてディジタル回路を作る場合に広く用いられましたが，最近はCMOSに圧倒されています。

- ECL（emitter coupled logic）：かつて超高速素子として大形計算機等に用いられましたが，最近は利用の機会が減っています。

(3) BiCMOS：CMOSとBJTの両方を用いて，高集積と高速動作の両面を達成しています。最近では高速なドライバ/レシーバ回路に用いられています。

(4) GaAs：いままでのすべてのデバイスがシリコンを用いているのに対し，GaAsは化合物の半導体です。ECLを超える高速素子の実現が可能で，光通信等，集積度はさほど大きくなくても超高速動作が必要なICで用いられています。

最後の分類は，ICの機能をユーザがプログラムできるかどうかです。

(1) 専用目的IC：ゲート，フリップフロップ，カウンタ，メモリ，マイクロプロセッサ等，機能が決まっており，ユーザがプログラムできないIC。
(2) プログラマブルIC：PLD（programmable logic device）を代表とする，ユーザ側で機能を決定できるIC。

従来，ディジタル回路を作る場合一般的だったのは，74シリーズを中心とした専用目的のTTLなどを用いる方法でした。ところが，最近，ディジタル回路は，BJTを中心としたTTLからCMOSへ，専用目的ICからプログラマブルICへと移っています。また，目的用途別にICを作ってしまう場合も増えています。

1.5 論理設計の復習

本書ではブール代数，順序回路設計などのディジタル回路の論理レベルの設計はひととおり勉強済みとして考えています。しかし，忘れてしまった人も多いと思いますし，テキストによって用語等も違うので，簡単に復習しておきます。ディジタル回路は以下の二つに分類されます。

- 組合せ回路　　出力が現在の入力の値だけから決定される論理回路。
- 順序回路　　出力が現在の入力と，そのときの回路の状態から決定される論理回路。

1.5.1　MIL記号法

MIL記号法は論理回路を表現するために有効な手段で，CADの図面エディタ（スケマティックエディタ）では広く用いられており，本書でも回路図はこ

の記法に基づいて書きます．MIL 記号法においては，設計者が H レベルに注目している（アクティブ-H）か L レベルに注目している（アクティブ-L）かを区別します．アクティブ-L の場合その部分に丸印をつけ，アクティブ-H の場合はなにもつけません．

さて，ゲートを表すために，MIL 記号においてはつぎの三つの記号を用います．

1. 入力がすべてアクティブのとき出力がアクティブになる（図 *1.2*）．

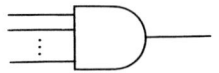

図 *1.2* MIL 記号 1

2. 入力のどれか一つがアクティブのとき出力がアクティブになる（図 *1.3*）．

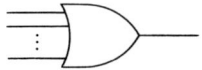

図 *1.3* MIL 記号 2

3. 論理的には意味をもたない．電気的に信号を増幅する（図 *1.4*）．

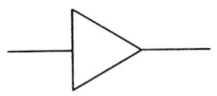

図 *1.4* MIL 記号 3

例えば図 *1.5* の記号は「入力がすべて L ならば出力が H になる．」ということを示します．

また，NAND ゲートは「入力が両方 H のとき出力が L になる．」という考え方と，「入力のどちらかが L のとき出力が H になる．」という考え方の二つがあり，それぞれ表現の仕方が違います．これらを書き分けることができるの

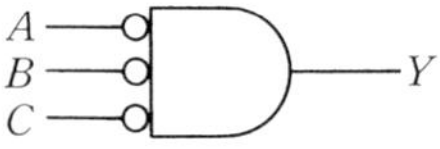

A B C	Y
L L L	H
その他	L

図 **1.5**

が，MIL 記号法の利点です。**図 1.6** に代表的なゲートとその論理記号，さらにブール代数の式を示します。

A	B	X
L	L	L
L	H	L
H	L	L
H	H	H

AND ゲート
$X=A\cdot B$

A	B	X
L	L	L
L	H	H
H	L	H
H	H	H

OR ゲート
$X=A+B$

A	B	X
L	L	H
L	H	H
H	L	H
H	H	L

NAND ゲート
$X=\overline{A\cdot B}$

A	B	X
L	L	H
L	H	L
H	L	L
H	H	L

NOR ゲート
$X=\overline{A+B}$

A	X
L	H
H	L

NOT ゲート
$X=\overline{A}$

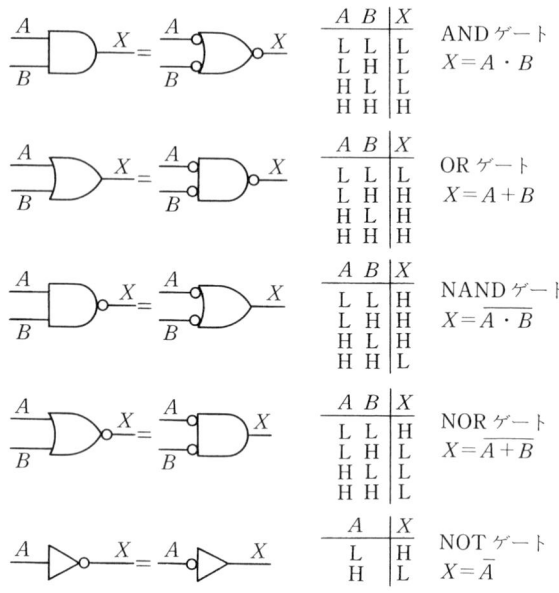

図 1.6　代表的なゲートとその論理記号

1.5.2　組合せ回路の設計法

組合せ回路は現在の入力だけで出力が決まるので，与えられた問題を入出力の真理値表の形に直すことができれば，それを MIL 記号法を用いた回路図あるいはブール代数に変換することは簡単です。

ここではカルノー図を使った簡単化の例題をやってみましょう。

1.5 論理設計の復習

例題 1.1 3入力の多数決回路を設計せよ。

【解答】 多数決回路は入力中の L レベルの数が多ければ出力が L, H レベルが多ければ出力が H になる回路で，高信頼性システムにおいてしばしば用いられている。ここでは簡単化の方法としてカルノー図を利用する。カルノー図は一種の2次元の真理値表だが，10, 11 の順番が逆になっており，1 bit 変化で上下左右ともに1周できるように作られている。この問題の入力は三つ (A, B, C) なので，カルノー図は図 1.7 のようになる。

C＼BA	00	01	11	10
0			1	
1		1	1	1

ここでは
L→0
H→1
としている

図 1.7

このカルノー図の対応する場所に1を書き込む。いま，多数決回路なので，入力の1が多い3か所に1が書き込まれる（図 1.8）。

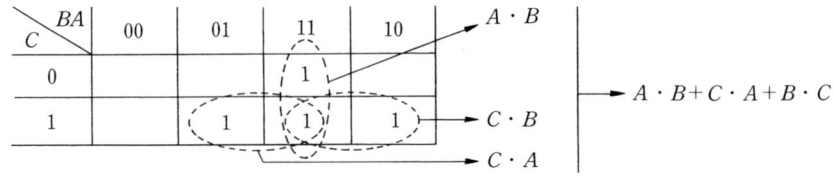

図 1.8

つぎに記入した'1'をつぎのルールに従ってループにくくる。

- ループは縦横が $2^0, 2^1, 2^2$ の長方形であること。
- ループは重なってもいいから面積を大きく，数を少なくすること。

多数決回路では，三つのループにくくることができ，このループから対応するゲートの論理式が得られる。この論理式に従って回路を作ると，図 1.9 のようになる。

NAND ゲートのみを使うと図 1.10 のように書き換えることもできる。

◇

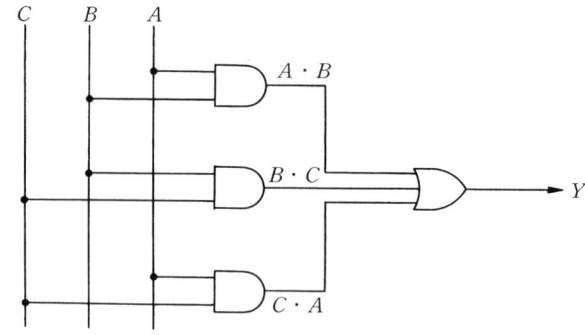

図 1.9

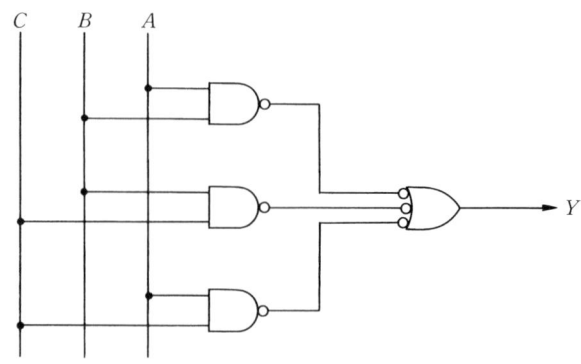

図 1.10

1.5.3 順序回路の設計法

　順序回路は状態と現在の入力から出力が決まります。順序回路を設計するためには状態を記憶するフリップフロップが必要です。フリップフロップの動作については本文の 6 章に内部構造とともに詳しく紹介していますので，こちらを参照してください。ここでは現在最もポピュラーな設計法である，同期式順序回路の設計法の復習をします。

　同期式順序回路を設計するときはまず状態遷移図を書き，状態に 2 進数を割り当てます。この 2 進数で示される現在の状態と入力から，つぎの状態と出力を作る組合せ回路を設計していきます。例題を一つ示します。

例題 1.2 入力 S を H レベルにすると $1 \to 2 \to 3 \to 1 ...$ と繰り返し数え，S を L レベルにすると停止するカウンタを設計せよ。

【解答】 まず状態遷移図を書くと図 1.11 のようになる。ここでは三つの状態があるのでそれぞれ A, B, C とする。

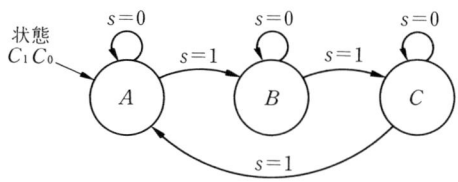

図 1.11

つぎに各状態に対して 2 進数を割り当てる。この問題では状態が三つあるので，2 bit の 2 進数を当てはめればよく，状態の番号をそのまま出力すると，出力を作る組合せ回路が省略できるので便利である。そこで，図 1.12 のようにそれぞれ 01, 10, 11 を割り当てる。

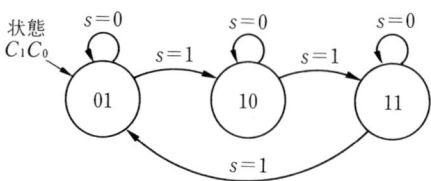

図 1.12

つぎに現在の状態 C_0, C_1 と入力 S からつぎの状態 N_0, N_1 を出力する組合せ回路を設計する。これは先ほどの組合せ回路の設計法で紹介したカルノー図を利用する。この例では 00 が存在しない入力，すなわち don't care 入力となる。don't care 入力は 0 と解釈しても 1 と解釈してもよいので，簡単化は容易になる。組合せ回路ができれば，それを状態を記憶する D-フリップフロップの出力に接続し，つぎの状態 N_0, N_1 を入力にフィードバックさせる（図 1.13）。 ◇

じつはこの回路には 1 か所問題があり，また一定の動作周波数以下で動かす

14   1. は じ め に

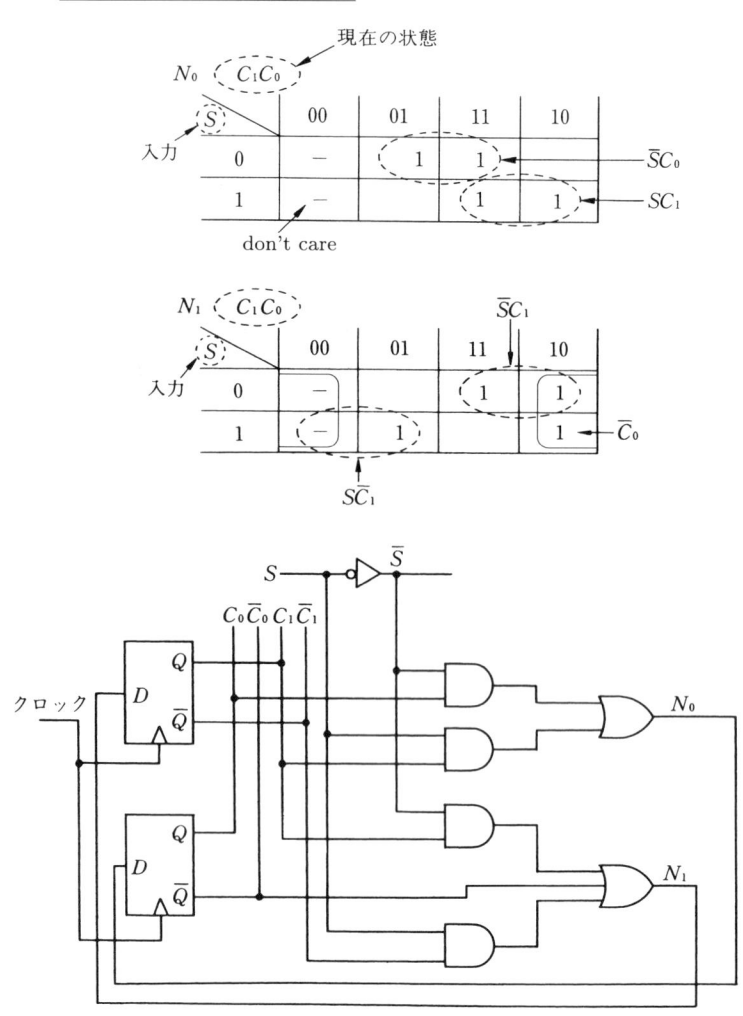

図 1.13

必要があります．この辺の計算方法は 5 章で紹介します．

　以上，駆け足で論理設計法を復習しました．もっと詳しく復習したい方は参考文献 1) などをお読みください．

2 CMOSの動作原理と特性

この章では，現在のディジタル回路のほとんどを占めるCMOSについて紹介します．まず，最初に簡単なスイッチングモデルにより回路を組み合わせる方法をマスターした後，中身の構造を紹介します．

2.1 CMOSのスイッチングモデル

2.1.1 基本回路

MOS-FETは，アナログ回路ではあまり見慣れませんが，電圧で電流を制御する素子なので，その動作を理解することは簡単です．

普通のトランジスタにnpn形とpnp形があるように，MOS-FETにも，構造によってnMOSとpMOSの2種類があり，それぞれ図 2.1 のような記号で表します．

MOS-FETはゲート，ソース，ドレーン，サブストレートの四つの端子をもちますが，ディジタル回路設計者は往々にしてサブストレートを省略してしま

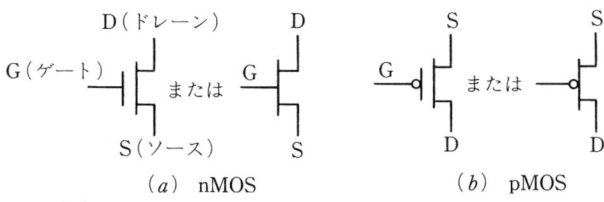

図 2.1　MOS-FETの記号

います．これはサブストレートにはつねに nMOS なら GND，pMOS なら電源電圧（V_{DD}）が入力されるので，回路図中に書く必要がないためです．しかし，このようにすると，n と p の区別がつかなくなるので，ゲートに丸印をつけて区別します．本書でもこの記法を使います．また，ソースとドレーンは記号上区別がつかないので困るのではないか？と思われるかもしれませんが，実際例外を除きディジタル回路で用いる FET では本当に区別する必要がない場合が多いのです．ソースとドレーンは構造上は同じで，使われ方によって端子名が定まると考えてください．

nMOS，pMOS はつぎのような簡単なモデルで扱うことができます．

(1) nMOS：ゲートに H レベルを与えると FET が ON になり，L レベルを与えると OFF になる．FET が ON のときはソース-ドレーン間は電気的にくっついたのと同じであり，OFF のときはソース-ドレーン間は電気的にオープンになったのと同じである．

(2) pMOS：ゲートに L レベルを与えると FET が ON になり，H レベルを与えると OFF になる．FET が ON のときはソース-ドレーン間は電気的にくっついたのと同じであり，OFF のときはソース-ドレーン間は電気的にオープンになったのと同じである．

さて，H レベル，L レベルとはなにかきちんと定義するのは後のことにして，ここでは電源電圧 V_{DD}（5 V あるいは 3.5 V が多い）に近いレベルを H レベル，0 V つまり GND に近いレベルを L レベルと考えます．

MOS-FET では，ON 時も OFF 時も，ゲートとソース，あるいはゲートとドレーンの間に電流は流れず，ゲート側から見た入力抵抗は非常に大きいと考えられます．つまり，MOS-FET はモデル化した場合，理想的なスイッチ，あるいはリレーと考えることができます．実際，CMOS の回路構成法は，リレー回路とある程度の共通点があります．さて，これらの nMOS と pMOS の FET を相補的（complementary），つまり片方が ON のときはもう片方が OFF となるペアの単位で組み合わせて論理回路を作っていくのが CMOS です．

図 **2.2** に CMOS インバータの動作を示します．pMOS と nMOS それぞれ

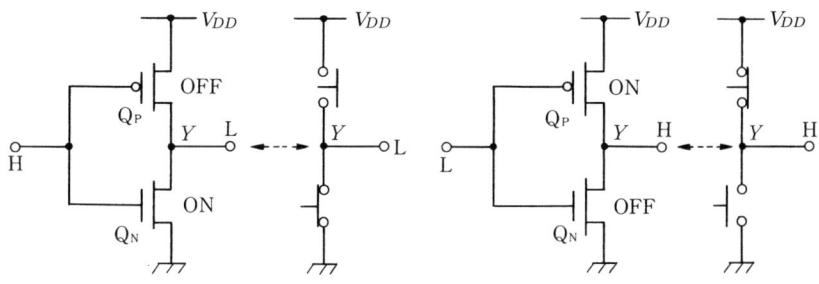

図 2.2 CMOS インバータの動作

の FET のゲートが共通になっているため，入力が H レベルの場合，n 形が ON となり，出力 Y は GND レベルと接続され，L レベルとなります。入力が L レベルになると今度は p 形が ON となり，出力 Y は V_{DD} と接続されて H レベルになります。

例題 2.1 図 2.3 の回路を解析せよ。このゲートはどのような働きをするか。

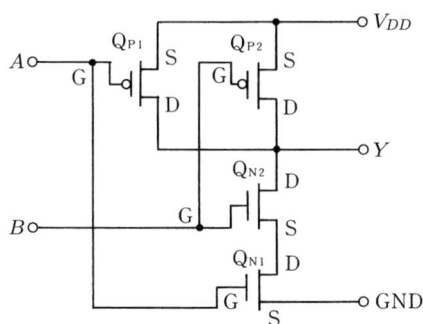

図 2.3 CMOS 回路

【解答】 pMOS は並列，nMOS は直列接続されている。また，Q_{P1} と Q_{N1}，Q_{P2} と Q_{N2} のゲートはそれぞれ接続されているため，片方が ON のときはもう片方は OFF になる。出力 Y は，A，B どちらかが L のときは V_{DD} と接続され，

Hになる。両方Lのときのみ，直列につながれたQ_{N1}, Q_{N2}が両方ともONになって出力YはLとなる。すなわち，NANDゲートである。

A	B	Q_{P1}	Q_{P2}	Q_{N1}	Q_{N2}	Y
L	L	ON	ON	OFF	OFF	H
L	H	ON	OFF	OFF	ON	H
H	L	OFF	ON	ON	OFF	H
H	H	OFF	OFF	ON	ON	L

◇

それでは，図 **2.4** の回路を作って，これでゲートができるか？というと，これは残念ながらうまくいきません。確かに nMOS，pMOS-FET は ON になったときの，ソース-ドレーン間はくっついたのと同様になりますが，構造上以下の特徴があるのです。

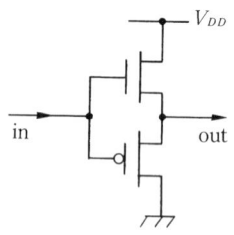

図 **2.4** 動作しない CMOS 回路

nMOS は L レベルは高速に伝搬できるが，H レベルの伝搬は遅い。逆に pMOS は H レベルは高速に伝搬できるが，L レベルの伝搬は遅い。なぜこのようになるかは，FET の構造を理解するとわかるのですが，この特徴により，図 2.4 のように，電源側に nMOS，GND 側に pMOS をもってきた回路，つまり正論理の回路は使いものになりません。このため，単体の CMOS ゲートで構成できるのは，基本的に出力に NOT ゲートがついた回路に限られます。AND ゲートを作ろうと思ったら NAND ゲートの後に NOT ゲートを接続するしかありません。それでも CMOS 回路はさまざまなゲートを構成すること

ができます。

2.1.2 さまざまな CMOS 回路

ここでは，複雑な CMOS 回路の機能を解析したり，設計したりする方法を学びます。まず，回路を与えられて機能を読む方法を紹介します。CMOS 回路は昔のリレーに似ており，機能を読み取る場合，ブール代数が有効です。原則は以下のとおりです。

- nMOS に注目し，直列につながれている FET のゲート入力のそれぞれについて AND を取り，並列につながれている FET は OR を取って，順に式を形成する。
- 上で形成した式が成立したときに出力 Y は GND に接続されるわけなので，最後に式の全体に NOT をつける。

図 2.5 に示すように多少複雑な回路でも簡単にブール代数に変換することができます。

つぎに，式を与えて回路を設計する方法を示します。まず，ブール式を，全体に対してただ一つ NOT がつく形に変形します。この形に変形できない式は，

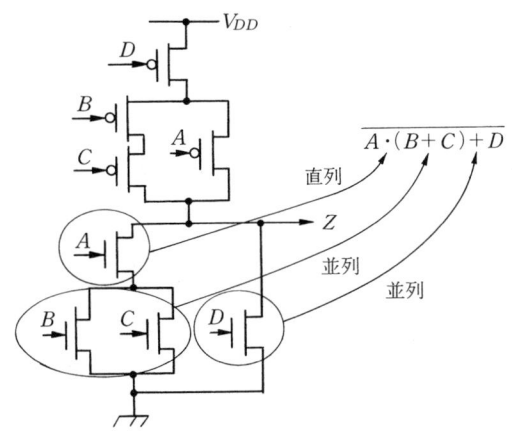

図 2.5 ブール代数への変換

ここで述べる複雑な CMOS 回路で直接実現することはできません。この場合，基本的な CMOS 回路で作った基本ゲートを組み合わせて実現するわけです。ここで，まず，nMOS について，各入力をゲートにつないだ FET を AND ゲートの場合は直列，OR ゲートの場合は並列に，式の入れ子のいちばん深いところから接続して回路を形成します。つぎに pMOS について nMOS とまったく逆の接続を行います。つまり nMOS で並列につないだところは直列に，直列につないだところは並列に接続します。

図 **2.6** に，回路の構成例を示します。

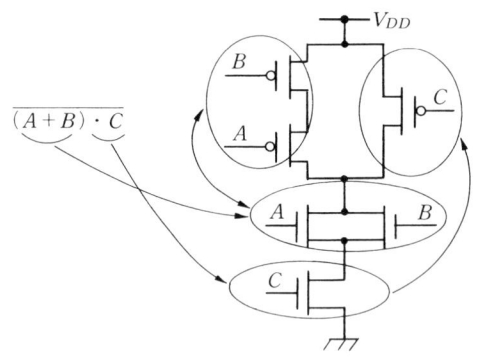

図 **2.6** ブール代数から回路への変換

2.1.3　トランスミッションゲートとパストランジスタロジック

後でレイアウトを見るとわかるのですが，MOS-FET のドレーンとソースはまったく同じ構造をしており，どちらの方向にも電流を流すことができます。この機能を利用すると面白い使い方ができます。

図 **2.7** の回路は，この機能を用いた nMOS だけを使ったデータセレクタです。S を H にすると，Q_{N1} が ON となり，A が Y に出力され，L にすると Q_{N2} が ON になり，B が Y に出力されます。このように利用される FET のことをパストランジスタと呼び，パストランジスタの ON/OFF 機能を利用して構成した回路をパストランジスタロジックと呼びます。

2.1 CMOSのスイッチングモデル

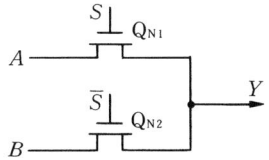

図 2.7　nMOSデータセレクタ

じつはこの回路には多少問題点があります．先に紹介したように，nMOS-FETは，Lレベルを伝送するときは高速ですが，Hレベルを伝送するときに遅延が大きくなり，また，電圧レベルが落ちる場合があります．反対にpMOS-FETはHレベルの伝送は得意ですが，Lレベルを伝送する場合，遅延が大きくなり，レベルが劣化します．

そこで，図2.8に示すように，2種類のトランジスタを組み合わせます．このようにすれば，Lレベルの伝送ではnMOSが働き，Hレベルの伝送ではpMOSが働くので，両方のレベルで高速な伝送が可能になります．このゲートをトランスミッションゲート（伝送ゲート）あるいはトランスファーゲートと呼び，図中に示す記号で表します．トランスミッションゲートを用いるには，反転信号と対になった制御信号を用意する必要があります．

パストランジスタロジックやトランスミッションゲートを用いると，通常の基本的なCMOS回路では実現できない回路を容易に実現することができます．

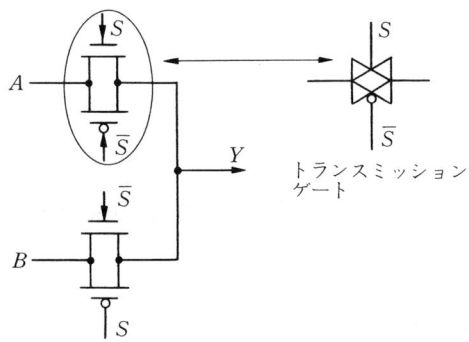

図 2.8　CMOSデータセレクタ

例題 2.2 図 **2.9** の回路を解析せよ。このゲートはどのような働きをするか。

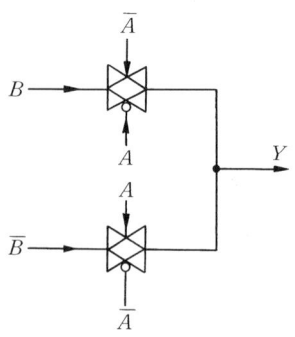

図 **2.9** パストランジスタロジック

【解答】 図 2.10 に示す ON/OFF 動作により排他的論理和（exclusive-OR）が実現される。   ◇

A=Hのとき $Y \Leftarrow \bar{B}$
  =Lのとき $Y \Leftarrow B$

よって

A	B	Y
L	L	L
L	H	H
H	L	H
H	H	L

→ exclusive-OR

図 **2.10** パストランジスタロジック（解答）

2.2 MOS-FET の構造と動作

2.2.1 MOS-FET の基本構造

それでは，どのようにしてこの MOS-FET が作られているかを解説します。MOS-FET（n チャネル）は図 **2.11** に示すように土台となる p 形半導体（こ

2.2 MOS-FET の構造と動作　23

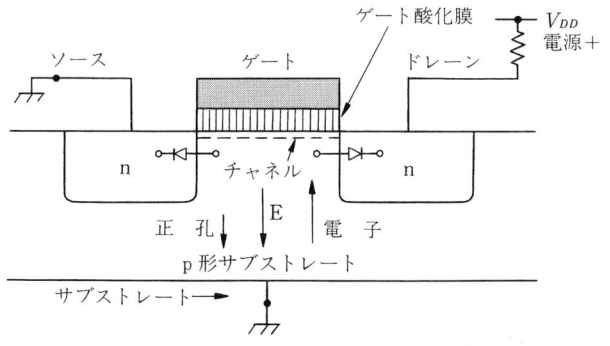

図 2.11 nMOS-FET の構造

れをサブストレートといいます）の中に二つの n 形の領域を作り，それぞれソース，ドレーンの端子を接続します．ソース，ドレーンの n 形領域の間に，薄い酸化膜で絶縁された導電体（ポリシリコンという材質でできています）を置き，そこにゲート端子を接続します．ゲートのポリシリコンが置かれている，ソース-ドレーン間のすき間のことをチャネルと呼びます．

　ここで，図 2.11 のように，ドレーン-ソース間に電圧をかけます．しかしゲートに電圧をかけない状態では，ソース-ドレーン間は p 形半導体によって仕切られており，電流は流れません．

　さて，ご存じのとおり，p 形半導体中には＋の電荷をもった正孔（ホール）が多数存在し，これが電流の流れをおもに担当しています．このような電流の運び手をキャリヤ (carrier) と呼びます．しかし，p 形といっても不純物の量を制御することにより，ホールと結合しない電子がごく少数存在するようにすることができます．このように少数存在する電子のことをマイナーキャリヤ (minor carrier) と呼びます．

　いま，サブストレートをドレーン同様 GND につないでおいてゲートに正の電圧をかけると，薄い絶縁膜を介して伝わる電界によってこのマイナーキャリヤの電子が引き寄せられ，ゲートの直下に集まります．もちろん，絶縁膜があるので，ゲートから電流が流れることはありません．このため，ゲートの直下

は，p形であるにもかかわらず電子の多いn形の層ができます。この層のことを反転層と呼びます。

ゲートの電圧があるレベルに達したとき，反転層により，ソース-ドレーン間は結合され電流が流れるようになります。この状態がONです。薄い絶縁膜を介してゲートからの電界によって制御を行うことからMOS-FET，つまり酸化シリコンによる電界効果形トランジスタと呼ばれるわけです。なお，本書では，3章を除いて，「トランジスタ」という言葉はMOS-FETを，nMOSはnMOS-FET，pMOSはpMOS-FETを指すことにします。

いまの説明は，ゲートに正の電圧を与えないとONにならないタイプのFETで，これをエンハンスメント（enhancement）形FETと呼びます。不純物の調整により，ゲートに電圧をかけない状態でONになり，−方向の電圧をかけることによりOFFになるようなFETを作ることもできます。これをディプリーション（depletion）形といいます。図 **2.12** にこの様子を示します。ただし，CMOSで用いられるのはエンハンスメント形に限られます。

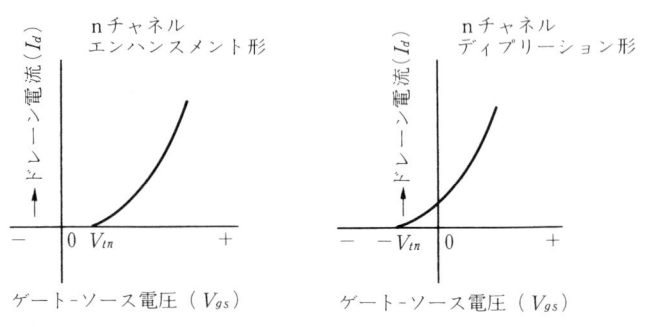

図 **2.12** ディプリーション形とエンハンスメント形

pMOSは図 **2.13** に示すようにnMOSとまったく逆の構造をもちます。この場合，サブストレートとソースに電源レベルを与えます。ここで，ゲートに電源電圧に比べて負の電圧（つまり電源電圧より低い電圧）を与えると，マイナーキャリヤの正孔により，ゲートの直下にp形の反転層が形成されます。これにより，電流が流れて，ONになります。pチャネルでもnチャネル同様，

2.2 MOS-FETの構造と動作　25

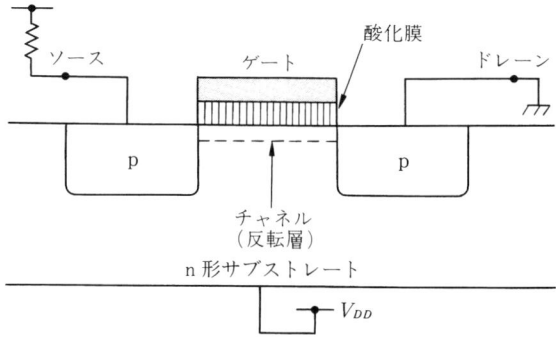

図 2.13 pMOSの構造

エンハンスメント形とディプリーション形を作ることができます。

構造を理解すると，nMOSがHレベルの伝送が苦手で，pMOSがLレベルの伝送が苦手なのがわかります。nMOSは反転層を作るためにサブストレートをGNDレベルにしておかなければなりません。ここで，ドレーン-ソースがLレベルの場合は，ドレーン-ソースとサブストレート間には電位差が生じません。ところがドレーン-ソース間がHレベルになると，サブストレートとの間にコンデンサが形成されてしまいます。この容量によりスイッチング動作時のレベルの低下と伝搬の遅延が起こります。pMOSがLレベルの伝送が苦

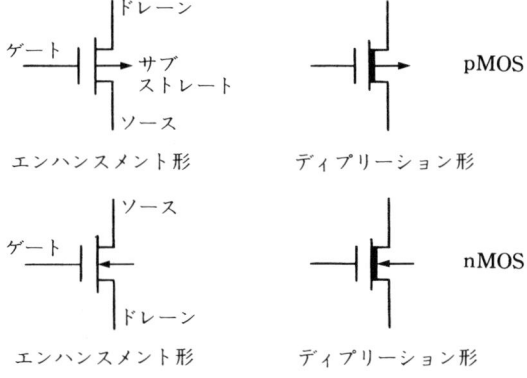

図 2.14 MOS-FETの記号

手なのも同じ理由です。

ここで，MOS-FET の正式な記号を紹介しておきましょう。半導体中の pn 接合の方向に矢印をつけるのが，トランジスタの記号のルールです。MOS-FET の場合，pn 接合は，サブストレートと反転層との間にしか存在しないので，pMOS， nMOS の正式な記号は図 2.14 に示すようになります。しかし，サブストレートは通常 GND または電源につながれるので，わざわざ示すのはたいへんなため，この記号はめったに使われず，その代わりにいままで使ってきた略式の記号が使われます。

〔1〕 nMOS のみの回路

ディプリーション形の FET に適当なレベルを与えて抵抗として用い，エンハンスメント形の FET を出力トランジスタとして用いると n チャネルのトランジスタだけでインバータをはじめとする論理素子を構成できます。これが nMOS ゲートです。図 2.15 に nMOS インバータの回路構成を示します。

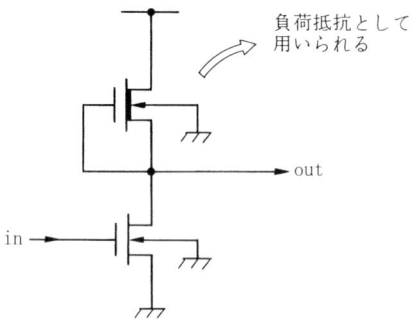

図 2.15 nMOS インバータの回路構成

nMOS 回路は単一種類の FET で構成できるため，製造工程が簡単で実装密度を大きくすることができます。このため，MOS-FET による初期の LSI の多くは nMOS 回路の技術に基づいていました（それ以前の本当の初期は pMOS 回路でした）。

しかし，一方で，この nMOS は回路構成の設計規則が複雑で，抵抗負荷を用いているため動作速度がやや遅くなります。さらに，出力トランジスタが

ONのときはつねに一定の電流が流れるため，消費電力，発熱の点でも不利です．このため，特殊な部分以外にはほとんど用いられないようになりました．

2.2.2　CMOSのレイアウト

レイアウト設計は，普通電子回路の守備範囲には入りませんが，CMOSデバイスを扱ううえでレイアウトをまるっきり知らないと，「0.09 μm のCMOSデバイス」といわれてもピンとこないことになり，ディジタルシステムの設計者としてはちょっと悲しいものがあります．そこで，ここではごく簡単にCMOSのレイアウトとその周辺の単語を紹介します．CMOSの構造，レイアウトに関してもっと深く知りたい方には参考文献4)をお勧めします．

図 2.11 に示す nMOS の構造を上から見ると，**図 2.16** (a) で示すように，p形のサブストレートの上に，n形のシリコンの層があり，その上に絶縁体とポリシリコンのゲートが置かれた構造になっています．

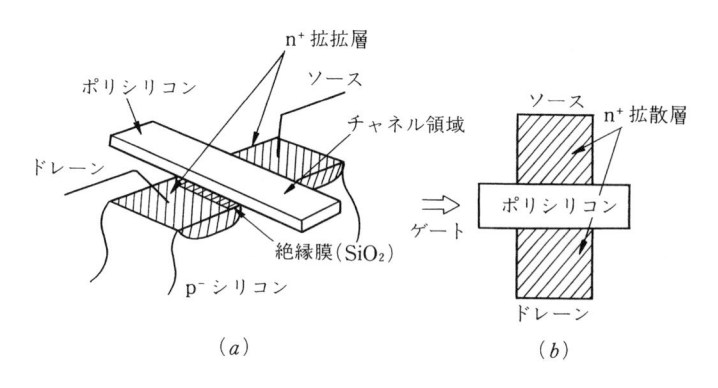

図 2.16 nMOSのレイアウト

ここでサブストレートにするp形シリコンは，反転層を作るためにマイナーキャリヤを多く含んでいるので，p^- シリコンと呼びます．この上のn形のシリコンの層は拡散によって作り，また通常のキャリヤを多く含むので n^+ 拡散層と呼ばれます．この n^+ 拡散層を横切ってポリシリコンのゲートを置けば（もちろんポリシリコンのゲートの直下は絶縁層があります），nMOSトラン

28　　2. CMOS の動作原理と特性

ジスタができあがります。図 *2.16* (*b*) の平面的な配置図は，半導体を製造する際のマスクパターンのもとになり，レイアウトと呼ばれます。一方，pMOS のほうは，図 *2.16* (*b*) に示すのとは逆に，n⁻ のサブストレートの上に p⁺ 拡散層を作り，この上にポリシリコンのゲートを置いた構造をもちます。

さて，CMOS はこの両者を組み合わせる必要がありますので，レイアウトはやや複雑になります。**図 *2.17*** に，CMOS インバータのレイアウトを示します。全体の土台としては，n⁻ シリコンを用います。この土台は，そのまま pMOS のサブストレートとして用いられます。pMOS は n⁻ シリコン上に直接 p⁺ 拡散層を作ってその上にポリシリコンのゲートを置いて作ります。

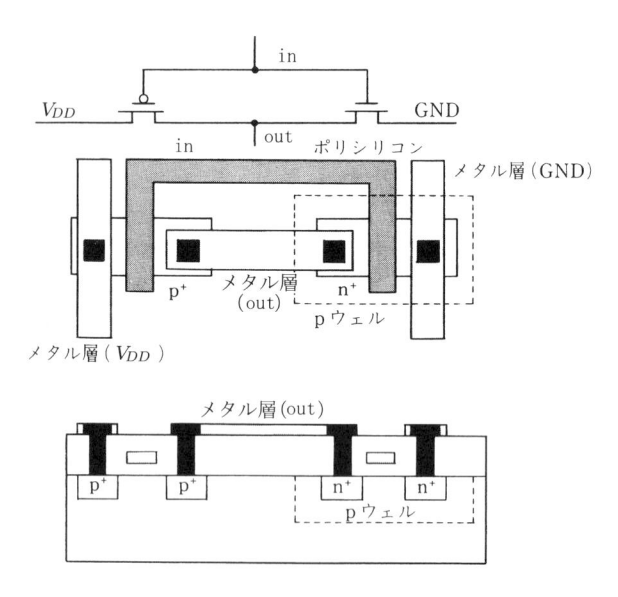

図 *2.17* CMOS インバータのレイアウト

ところが，nMOS を作るためには，p⁻ シリコンの土台が必要なので，n⁻ シリコン上に p⁻ シリコンの領域を作ってやります。これを p ウェル（つまり井戸のこと）と呼びます。この p ウェル上に n⁺ 拡散層を作り，同様にポリシリコンのゲートを置いて nMOS を作ります。p ウェルと，土台の n⁻ シリコンとの干渉を防ぐために，絶縁用の層を作って電気的に独立させます。この方法は，

n⁻ シリコンの上に p ウェルを作ることから p ウェル CMOS プロセスと呼びます. 逆に p⁻ シリコン上に n ウェルを作ったり，絶縁体上に n⁻ と p⁻ 領域を独立に生成する方法もあります.

さて，ゲートとなるポリシリコンはそれ自体電気伝導性が高いので，そのまま配線用に使えます. 両方のゲートからのポリシリコンをくっつけて共通の入力 (in) とします. 拡散層の出力に当たる部分 (out) はコンタクトホールと呼ばれる立体的な接続端子を介して，アルミニウムなどでできた金属層に接続します. この金属層は配線専用で，メタル層と呼ばれます. 複雑な配線に対応できるように，独立したメタル層を何層かもつのが普通で，最近は 5～8 層程度が普通になっています. このメタル層を延長してつぎのゲートの入力に接続します. 拡散層のもう片方はコンタクトをつけてそれぞれ電源，GND に接続します.

レイアウトを設計する場合，FET としてきちんと動作させるためには，それぞれの層の幅，層と層との間隔を一定の長さにしてやる必要があります. この長さはゲートとなるポリシリコンの幅を基準 (2λ) に決めます. Mead と Conwey による有名な LSI 設計のテキスト[3] では，例外を除いてそれぞれの幅や間隔を λ の整数倍にとる規則 (λ ルール) が使われました. 実際にはもっと狭くとっても大丈夫な部分があるため，ゲートの幅にこだわらず，それぞれのプロセスで最小線幅を定めてこれを設計ルールと呼びます. **図 2.18** にこの規則の一部を示します.

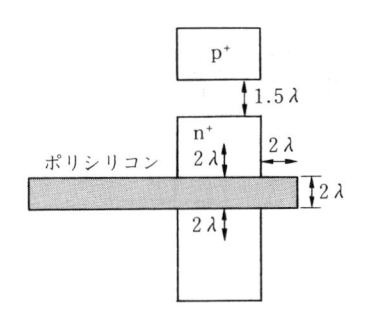

図 2.18 λ ルールの例

2. CMOSの動作原理と特性

レイアウトを行う場合，ワークステーション上でレイアウトエディタと呼ばれるCADを用いますが，多くのレイアウトエディタは，普通にレイアウトすればこのルールが守られるようになっていたり，ルール違反をするとすぐ表示してくれるような仕掛けがついています。

この設計ルールは，MOS-FETの製造技術（プロセス）のレベルを表す数字として使われます。この数字が小さくなるほど，全体の大きさが小さくなるわけなので，一定の面積に多くのFETを載せることができますが，そのぶん微細加工技術が必要となります。つまり数字が小さいほど，新しく進んだ製造技術を使っていることになります。2004年現在，$\lambda = 0.09 \sim 0.18\mu m$程度の製造技術が使われ，このICは，$0.13\mu m$ CMOS-LSIである等の呼び方をします。$0.09\mu m$は90ナノメートルと呼ばれる場合もあります。

例題 2.3 図 **2.19** は，CMOS-NORゲートのレイアウトである。以下のルールに従って，色鉛筆で色をつけながら各部の構造を確かめよ。

ポリシリコン：赤，n^+拡散層：緑，p^+拡散層：紫，メタル層：青

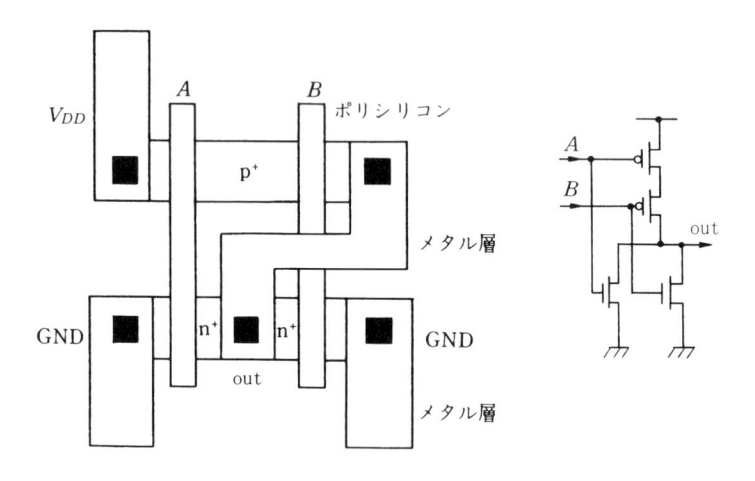

図 **2.19** CMOS-NORゲートのレイアウト

2.2 MOS-FET の構造と動作　　31

例題 2.4　図 2.20 のレイアウトに対応する回路図を描け。

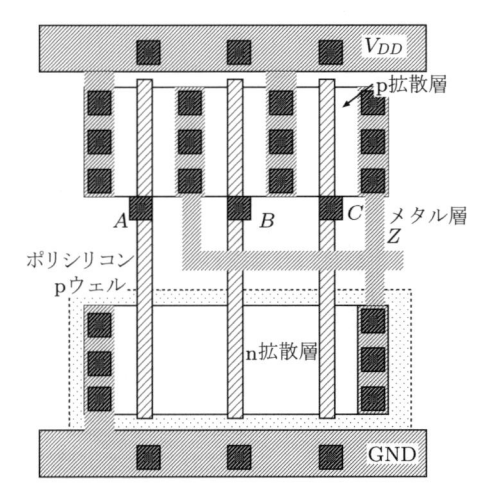

図 2.20　例題のレイアウト

【解答】　図 2.21 に示すように 3 入力 NAND ゲートとなる。拡散領域が共通化されている点，ソースとドレーンの区別を考えない点を注意されたい。　◇

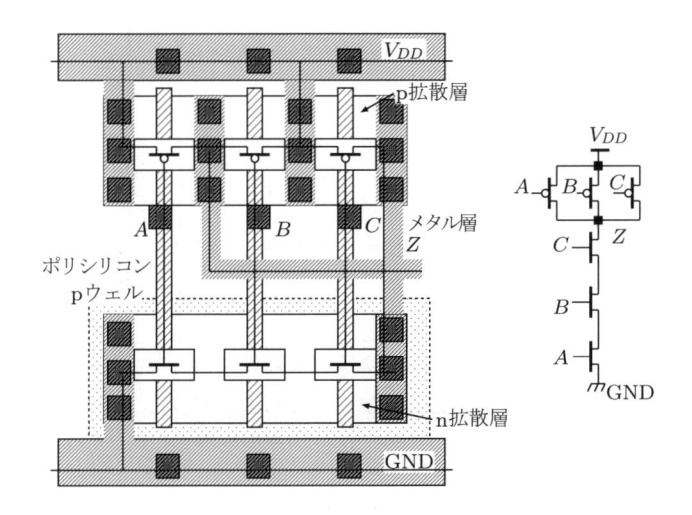

図 2.21　レイアウトに対応する回路

32　　2. CMOS の動作原理と特性

これらのゲートのレイアウトは縦方向のサイズをそろえておきます。そうすると，図 **2.22** に示すようにそろえて並べることで，横方向に共通に電源と GND 線を太いメタル層で供給することができます。IC チップの基本的なレイアウトは，このようにいくつものゲートを横にくっつけて形成した行を，配線用の間隔を空けて並べていきます。この間隔にメタル層を引っ張り出して，配

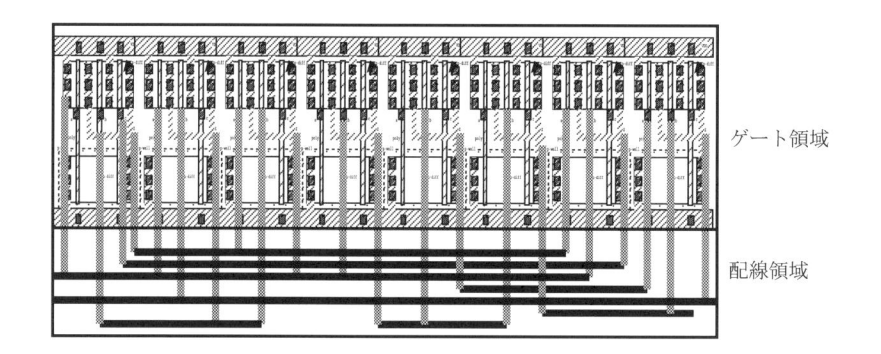

図 **2.22**　ゲート領域と配線領域

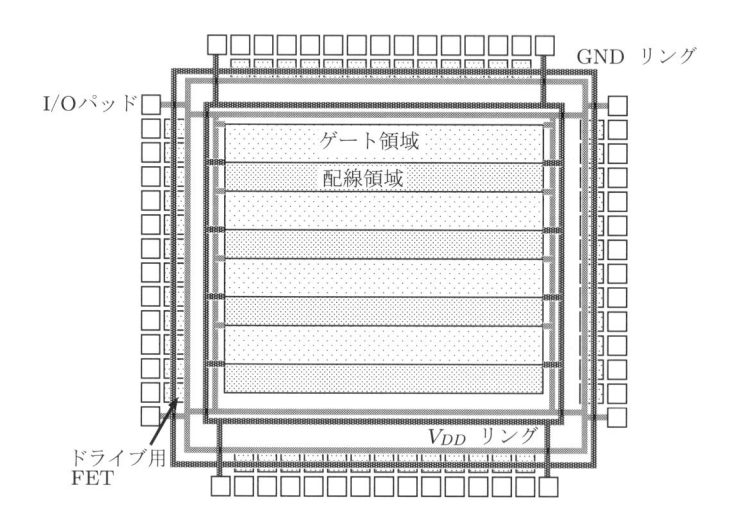

図 **2.23**　IC チップのレイアウト

線を行っていきます。もちろん，配線同士がぶつからないように，交差する際は，コンタクトホールを用いて，違った層のメタルを用います。

ゲートと配線領域で構成された複数の行の周辺を図 2.23 に示すように電源，GND 用の太い配線（電源リングと呼びます）で取り囲み，ここから電源と GND の配線を供給します。IC の入出力は，I/O パッドと呼ばれる大きなメタル層の領域に，大きな電流を扱うための巨大なトランジスタを介して電源リング内部の入出力信号を接続して行います。図 2.23 では電源は両側からのみ供給していますが，縦方向からも補強用のラインを用いて供給することが多いです。この I/O パッドに外部からリード線を接続し，パッケージのピンに接続して IC のできあがりです。大規模な IC の構造は 8 章で，より詳細に紹介します。

2.3　CMOS ゲートの電気的特性

CMOS のゲートの電気的な特性を考えるにあたってまず注意しなければならないのは，IC チップの内部のゲートの特性と，IC チップを外部から見た特性はまったく違うという点です。

かつてシステムを設計する場合は，専用 IC を買ってきてこれらをプリント基板上で配線すればよかったので，IC チップの外部から見た特性を理解すれば設計をすることができました。しかし，最近は，FPGA や ASIC の普及により IC 内部を設計する場合が増え，IC 内のゲートレベルの電気的特性を理解する必要がでてきました。

ところがこれが同じ CMOS でも全然違うのです。IC チップの外部とのインタフェースは巨大な面積の入出力専用の FET を使っており，強力な電気的な駆動能力をもっています。これに対し IC 内のゲートは，実装密度を重視して，小さい面積のトランジスタを使います。このため，単独で使った場合の遅延時間は小さいですが，電気的には脆弱で，一つの出力に多数の入力をつなぐと遅延時間が増加してしまいます。

ここでは，CMOSの専用ICを外部から見たときの電気的特性を紹介します．IC内部のゲートの電気的特性は，プロセスの性質により異なり，解析にはCADツールの助けが必要です．

2.3.1 CMOSの静特性

静特性とはある素子の時間的な（速度的な）要素を含まない特性のことです．ディジタル素子において重要な静特性は以下の三つです．

(1) 入力電圧-出力電圧特性：ディジタル回路の出力は，入力が一定値に達するまではいくら変化しても一定のHレベルとLレベルを維持し，入力が一定値になったときに，出力のLレベルとHレベルが切り替わる特性が望ましいです．理想的な入出力特性を図 **2.24** に示します．この出力が切り替わる入力電圧をスレッショルドレベル（V_{th} threshold level：しきい値）といいます．通常，スレッショルドレベルは温度に敏感なため，後に述べるように工学的には一定の幅で定義します．

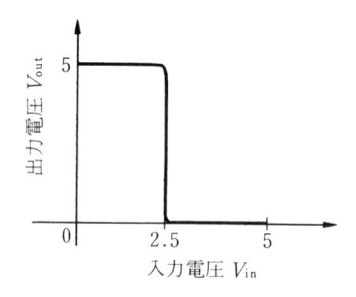

図 **2.24** 理想的な入出力特性

(2) 駆動能力（入力電流と出力電流）：同じ素子を出力に接続できる数をファンアウト（fun-out：扇の要のイメージから出ている言葉）と呼び，駆動能力の目安とします．

(3) 消費電流（出力電圧，電流特性）：電流をどれだけ消費するか．動作条件によって大きく変化します．一般に，後に動特性のところで紹介する遅

2.3 CMOSゲートの電気的特性

延時間と消費電流の間には，片方を立てるともう片方が立たないトレードオフの関係があります。

ICチップの外から見た特性を知るために，実際のCMOSゲートの規格表を見てみましょう。表2.1，表2.2に古典的な74ACシリーズCMOS（ACMOS）の規格表を示します。

表 2.1 74ACシリーズの規格表

絶対最大定格

項目	記号	条件	定格値	単位
電源電圧	V_{CC}		-0.5 to 7.0	V
DC入力ダイオード電流	I_C	$V_1 = -0.5$	-20	mA
		$V_1 = V_{CC} + 0.5$	20	mA
DC入力電圧	V_1		-0.5 to $V_{CC}+0.5$	V
DC出力ダイオード電流	I_{ok}	$V_0 = -0.5$	-50	mA
		$V_0 = V_{CC} + 0.5$	50	mA
DC出力電圧	V_0		-0.5 to $V_{CC}+0.5$	V
DC出力電流	I_0		± 50	mA
DC V_{CC} GND 電流/ピン	I_C or I_{CS}		± 50	mA
保存温度	T_{STC}		-65 to 150	°C

推奨動作条件

項目	記号	条件	定格値	単位
電源電圧(特に別途記載のない場合)	V_{CC}		2.0 to 6.0	V
入力電圧	V_1		0 to V_{CC}	V
出力電圧	V_0		0 to V_{CC}	V
動作温度	T_1		-40 to $+85$	°C
入力立上り立下り時間'ACタイプ（シュミットトリガ入力を除く）V_{10} 30〜70%V_{CC}	t_1	V_{CC}@3.0 V V_{CC}@4.5 V V_{CC}@5.5 V	8	ns/V ns/V ns/V
入力立上り立下り時間'ACTタイプ（シュミットトリガ入力を除く）V_{10} 0.8〜2.0 V	t_1	V_{CC}@4.5 V V_{CC}@5.5 V	8	ns/V ns/V

2. CMOSの動作原理と特性

表 2.2 74ACシリーズの規格表

DC特性（AC/ACQシリーズ）

項目	記号	条件		V_{CC} 〔V〕	Ta=25°C min	Ta=25°C typ	Ta=25°C max	Ta=-40〜+85°C min	Ta=-40〜+85°C max	単位
入力電圧	V_{IH}	$V_{out}=0.1$ V or $V_{CC}-0.1$ V		3.0	2.1	1.5	—	2.1	—	V
				4.5	3.15	2.25	—	3.15	—	
				5.5	3.85	2.75	—	3.85	—	
	V_{IL}	$V_{out}=0.1$ V or $V_{CC}-0.1$ V		3.0	—	1.5	0.9	—	0.9	V
				4.5	—	2.25	1.35	—	1.35	
				5.5	—	2.75	1.65	—	1.65	
出力電圧	V_{OH}	$V_{IH}=V_{IL}$ or V_{IH} $I_{out}=-50\ \mu A$		3.0	2.9	2.99	—	2.9	—	V
				4.5	4.4	4.49	—	4.4	—	
				5.5	5.4	5.49	—	5.4	—	
		$V_{IH}=V_{IL}$ or V_{IH}	$I_{OH}=-12$mA	3.0	2.58	—	—	2.48	—	V
			$I_{OH}=-24$mA	4.5	3.94	—	—	3.80	—	
			$I_{OH}=-24$mA	5.5	4.94	—	—	4.80	—	
	V_{OL}	$V_{IH}=V_{IL}$ or V_{IH} $I_{out}=50\ \mu A$		3.0	—	0.002	0.1	—	0.1	V
				4.5	—	0.001	0.1	—	0.1	
				5.5	—	0.001	0.1	—	0.1	
		$V_{IH}=V_{IL}$ or V_{IH}	$I_{OL}=12$mA	3.0	—	—	0.32	—	0.37	V
			$I_{OL}=24$mA	4.5	—	—	0.32	—	0.37	
			$I_{OL}=24$mA	5.5	—	—	0.32	—	0.37	
入力電流	I_{in}	$V_{IH}=V_{CC}$ or GND		5.5	—	—	±0.1	—	±1.0	μA
オフ状態出力電流	I_{OH}	$V_{IH}(OE)=V_{IL}, V_{IH}$ $V_{IH}=V_{CC}$ or GND $V_{out}=V_{CC}$ or GND		5.5	—	—	±0.5	—	±5.0	μA
静的消費電流	I_{CC}	$V_{IH}=V_{CC}$ or GND		5.5	—	—	8.0	—	80	μA

このICは，つぎの章で紹介するTTLの規格として始まった74シリーズに属しています。74シリーズのICは以下のルールで名前を付けます。

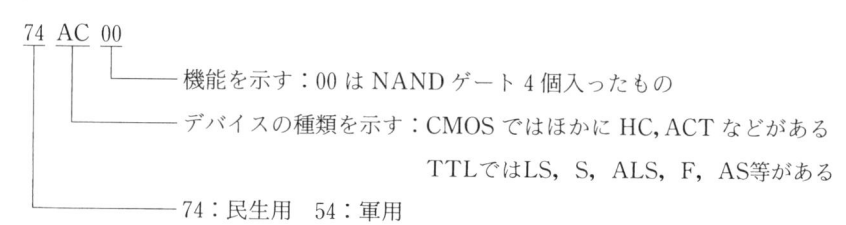

74 AC 00
— 機能を示す：00はNANDゲート4個入ったもの
— デバイスの種類を示す：CMOSではほかにHC, ACTなどがある
　　　　　　　　　　　　　　TTLではLS, S, ALS, F, AS等がある
— 74：民生用　54：軍用

2.3 CMOS ゲートの電気的特性

これらの 74 シリーズは，特定の機能を持つ小規模，中規模の IC(SSI, MSI) であり，どのような用途でも用いられるため，汎用ロジック IC と呼ばれます。規格は統一されており，さまざまな電気的な特性をもっていても，番号が同じならば機能は同じです。代表的な 74 シリーズのゲートを図 **2.25** に示します。

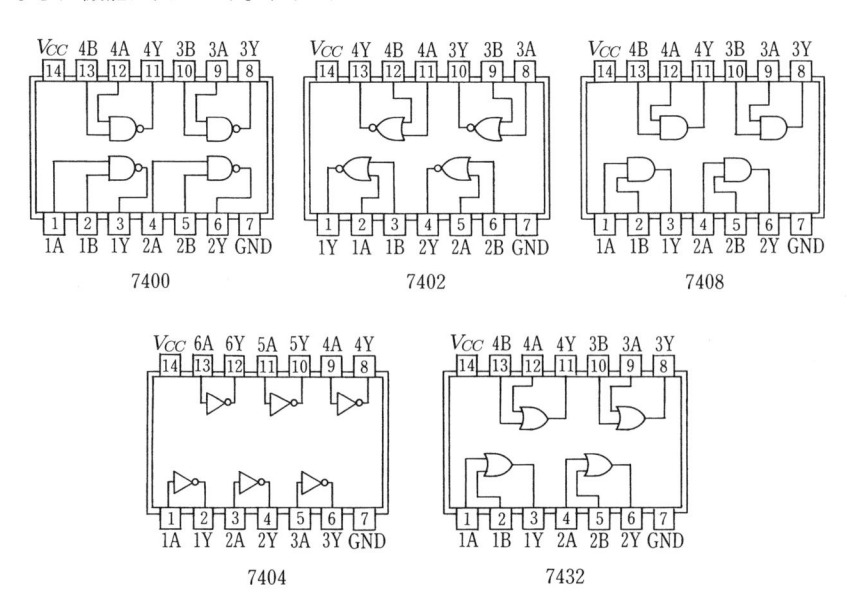

図 **2.25**　74 シリーズのゲート

この規格表は，静特性については，この図に示す 74AC00，74AC02 等のゲートに対し共通に使うことができます。ちなみに，最近ユーザがプログラムできる IC が広く用いられるようになり，74 シリーズのような汎用ロジック IC を利用する機会は減りつつあります。しかし，静特性についてはユーザがプログラムできる IC でもここに紹介する 74 シリーズでもあまり変らないことから，ここでは 74 シリーズを例にとって紹介します。

さて，通常，規格表は以下の部分に分かれます。

(1) 絶対最大定格

　　瞬時でもこの値を超えると素子の破壊を招く可能性のある条件です。

2. CMOSの動作原理と特性

(2) 推奨動作条件

電源電圧，負荷電流等，素子を動作させる条件を示します。この条件を守らないと下の電気的特性が保証できなくなります。

(3) 電気的特性

推奨動作条件を守ったうえでの入出力電圧，入力電流，消費電力等の静特性（DC特性）とスイッチング特性またはトランジェント特性，伝搬遅延時間などの動特性に分かれます。

ここでは電気的特性はDC特性のみを示しています。

ACシリーズの絶対最大定格は，電源電圧，端子に流れ込む電流，温度が定められています。電池の利用も考えて，電源電圧の許容範囲はかなり広いですが，マイナス方向は厳しいので，電源投入時などは注意する必要があります。推奨動作条件も，電源電圧，入出力電圧，動作温度が定められていますが，やや奇妙なのは入力の立上り時間，立下り時間が定められていることです。高速CMOSは立上り，立下り時間が大き過ぎると，動作が不安定になってしまうため注意が必要です。このため，ゆっくりした波形は4章で紹介するシュミットトリガ入力等で整形します。

それでは静特性（DC特性）のところを詳しく見てみましょう。ここでは，最小（min），標準（typ），最大（max）の各値が示されています。一般的には，最悪の場合を考えて最小または最大を用い，標準は目安として使います。したがって，最小，標準，最大のすべての値が示されている場合はほとんどなく，設計に必要な最悪の場合のみが示されます。このようにつねに最悪の場合を考える設計をワーストケースデザインと呼びます。

先に述べたように，静特性で重要なのは，入出力特性，駆動能力，消費電力の三つです。これらがどのように規格表上で示されているかを見てみましょう。

〔1〕 入出力特性

CMOSの入出力特性は，図2.24と同様でほぼ理想的です。nMOS，pMOSのバランスをとることにより，スレッショルドレベルはほぼ電源電圧とGNDの半分くらいの値にもってくることができます。ところが，CMOSの場合，こ

のスレッショルドレベルは，MOS-FET の ON/OFF のレベルに依存するので，動作温度によって変化します。さらに，CMOS の場合は電圧を低いところから上げていくのと，高いところから下げていくのでは，スレッショルドレベルは少し違う現象が見られます。

したがって，規格としてスレッショルドレベルを 1 本の線で決めてしまうことは無理です。要するに送り手と受け手の間できちんとレベルが受け渡せればいいわけなので，スレッショルドレベルを 1 本の線で決めてしまう必要はないわけです。そこで，実際は，一定の幅と余裕をもたせてレベルの受け渡しを確実に行う値のみを規定しています。

まず，出力するほうは，L レベルとしては，推奨動作条件を守ったうえで，V_{OL}（電源 4.5 V で 0.1 V）以下の電圧を出力することを保証します。この値は，流れ込む電流によって多少の変動がありますので，規格表には出力電流が大きい場合についてもあわせて示してありますが，通常 CMOS どうしの接続では静的に流れる電流はごくわずかです。同様に，H レベルとしては，V_{OH}（電源 4.5 V では 4.4 V）以上の電圧を出力することを保証します。

ここで，入力側は，V_{IL}（電源 4.5 V で 1.35 V）以下の電圧は確実に L レベルであると認識し，V_{IH}（電源 4.5 V で 3.15 V）以上の電圧は確実に H レベルとして認識すると定めます。つまり，この CMOS のスレッショルドレベルは，1.35 V と 3.15 V の間のどこかにあるわけで，この間の電圧を与えると L と認識されるか H と認識されるかは保証されなくなるわけです。

さて，このことにより，図 **2.26** に示すように

- L レベルでは，$V_{IL} - V_{OL}$
- H レベルでは，$V_{OH} - V_{IH}$

の余裕をもってレベルの受け渡しが可能となります。この余裕のことを雑音余裕度またはノイズマージンと呼びます。この場合のノイズマージンは電源電圧 4.5 V において H レベル，L レベルともに 1.25 V となります。

後で紹介する TTL に比べて CMOS の出力は電源と GND レベルに対して思い切って目一杯振っていることがわかります。このため，TTL よりもノイ

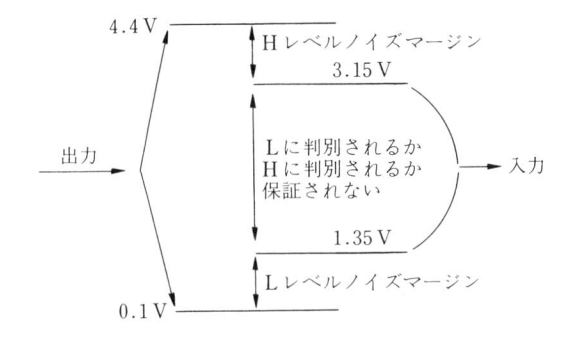

図 2.26 ノイズマージン

ズマージンが大きく，特性としては理想に近いです．

[2] 駆動能力

MOS-FET のゲートは，ソース-ドレーン間と電気的に絶縁されています．このため，ゲートから流れ込むのは漏れ電流に過ぎず，規格表の I_in に示すように $\pm 1.0\mu\mathrm{A}$ 程度の小さな値となります．

一方，CMOS の出力は，L レベルに関しては図 2.27 (a) に示すように，nMOS に対して電流が流れ込んできます．このような状態をシンクロード (sink load) といいます．逆に H レベルに関しては図 2.27 (b) に示すように pMOS を介して電流が流れ出ます．これをソースロード (source load) と呼

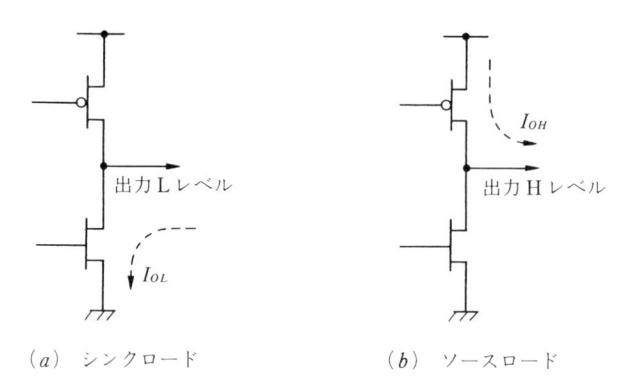

(a) シンクロード   (b) ソースロード

図 2.27 CMOS の出力電流

びます。CMOS の場合，シンクロード，ソースロードの両方に関して，FET に直接電流が流れ込んだり，流れ出したりします。この場合，どの程度の電流が流せるかは完全に FET の特性に依存します。

AC シリーズの場合は，相当強力な FET を用いているため，絶対最大規格で 50 mA まで電流を流すことができます。ただし，もちろん大きな電流を流せば，そのぶん出力電圧に影響を与えます。規格表の V_{OH} と V_{OL} に示すように電流を 12 mA，24 mA 流したときは少ない電流の場合よりも出力電圧が低下または上昇し，そのぶんノイズマージンが犠牲になっていることがわかります。

例題 2.5 74AC00 の規格表の電気的特性から $V_{CC} = 4.5$ V において出力電流を 24 mA 流した場合の H レベル，L レベルのノイズマージンを読み取れ。

【解答】 $3.94 - 3.15 = 0.79$ V（H レベル），$1.35 - 0.32 = 1.03$ V（L レベル） ◇

規格表では入力，出力に限らず流し込む方向を+にしていますので，ソースロードの I_{OH} には−がついていますが，これは方向を示しているだけですので電流の計算などを行うときは無視してください。

さて，規格表から多少の電圧変動はあるにせよ，AC シリーズの出力は入力の漏れ電流に比べて十分すぎるほどの駆動能力をもっています。したがって，直流的に考えると CMOS のファンアウトは無制限に近いことになります。しかし，実際には無制限にファンアウトをとることはできません。これは二つの問題があるからです。

(1) CMOS の入力には小さな容量成分があります。たくさんの入力を出力につなぐと，容量的負荷が大きくなって，動作速度が低下します。これは，かつての CMOS ではチップ内外問わず，深刻な問題でしたが，最近の CMOS，特に AC シリーズは，出力の FET が非常に強力なので

容量負荷による直接の影響は相当小さくなりました．現在でもチップ内のゲートは，ファンアウト数に比例して動作遅延がどんどん大きくなりますので，FPGA や ASIC の設計の際は気をつける必要があります．

(2) 　反射の問題．たくさんの入力を出力につなぐ場合，線を多数引っ張り出したり，引き回したりする必要があります．このため，配線上でのインピーダンスの不整合が起こって波形が乱れます．これは特に 30 MHz を超える高速動作時は深刻な問題で，この点から CMOS のファンアウトといえども大きくても 10 前後に設定するのが普通です．

〔3〕消費電力

消費電力は，最近の携帯機器に用いる場合，連続動作時間に影響を与えるため最近非常にクローズアップされています．固定して用いる機器では放熱設計に影響を与えます．CMOS は入力が変化しない場合は，pMOS か nMOS のどちらかが必ず OFF になるので，回路のどこかは切れています．したがって，静止状態の CMOS の消費電流は漏れ電流のみで，きわめて小さい値になります．規格表上この値は I_{CC} で表されますが，常温では $8\mu A$ にすぎません．ちなみに規格表の値は，最悪のケースについて示しているので，かなり高めで，実際の値はもっと少なくなります†．太陽電池やごく小さな電池で長期間動作する電卓や時計は，CMOS のこのような特性を利用しています．しかし，入力が変化し，出力が切り替わるとレベルを変化させるために，ON になる FET から負荷の容量に充電電流が流れます．一般に CMOS 消費電力は電源電圧 V_{DD}，負荷容量 C_L，内部等価容量 C_{PD}，動作周波数 f_p に関するつぎの式で表すことができます．

$$P = (C_L + C_{PD}) \cdot V_{DD}^2 \cdot f_p$$

すなわち，CMOS の消費電力は動作周波数と容量に比例することがわかります．また，それ以上に電源電圧の 2 乗に比例します．この点からも電源電圧を下げる技術が重要で，プロセスが新しくなるに従い，ディジタル回路の電圧

---

† 最新のプロセスでは微細化が進んだことにより，漏れ電流の割合が増えて，むしろこちらの対策が課題になっています．

2.3 CMOSゲートの電気的特性

はどんどん低くなる傾向にあります。

さて，この内部等価容量は動特性のほうの規格表（**表 2.3**）に載っていますが，74AC00 では 30 pF です。負荷容量はいくつ入力を接続したかに依存します。

表 2.3 74AC00 の動特性

■ AC 特性（$C_L = 50$ pF，入力 $t_r = t_f = 3$ ns）

項目	記号	V_{CC}^* 〔V〕	Ta＝25°C min	Ta＝25°C typ	Ta＝25°C max	Ta＝−40〜+85°C min	Ta＝−40〜+85°C max	単位
伝搬遅延時間	t_{PLH}	3.3	1.0	7.0	9.5	1.0	10.0	ns
		5.0	1.0	6.0	8.0	1.0	8.5	
	t_{PHL}	3.3	1.0	5.5	8.0	1.0	8.5	ns
		5.0	1.0	4.5	6.5	1.0	7.0	
入力容量	C_{in}	5.5	—	4.5	—	—	—	pF
内部等価容量	C_{PD}	5.0	—	30.0	—	—	—	pF

例題 2.6 74AC00 の一つのゲートの出力に一つの 74AC00 を接続して 30 MHz で動作させた場合，消費電力はどの程度になるか？ただし電源電圧は 5 V とする。

【解答】 74AC00 の NAND ゲートが一つに対して

$$P = (4.5 + 30) \times 10^{-12} \times 25 \times 30 \times 10^6$$
$$P = 26 \text{ 〔mW〕}$$

◇

図 2.28 に周波数に対する消費電力の変化を示しますが，高速動作を行う場合は，CMOS といえども電源や放熱に十分気を使う必要があります。とはいえ，例えば図中に示すように，後に紹介する BJT を用いた TTL も同様に周波数が高いと消費電力が大きくなる傾向があるので，いくら周波数が高くなっても CMOS のほうが有利です。

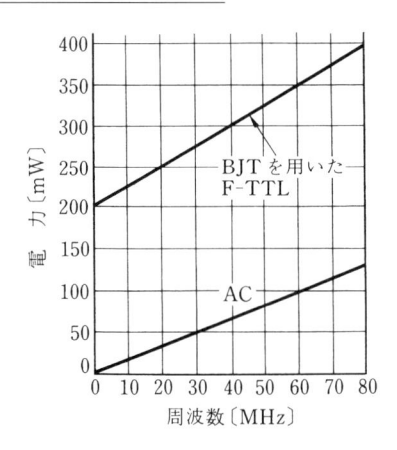

図 **2.28** 周波数に対する消費電力の変化

さらに，どんなディジタル回路も全回路が高速動作しているという事態は起きにくいのです。あるクロックで，実際に変化している信号の割合を動作率と呼びますが，これは 50 %以下になることがほとんどです。最近は，省電力設計技術が進歩し，実際に利用しないディジタル回路のクロックを止めるなど，動作率を下げる工夫を行います。このような技術を用いることができる点でも，やはり消費電力については，CMOS は後で紹介する TTL より有利であるといえます。ただ，CMOS の場合静止状態で電流がほとんど流れず，ギャップが大きいため，うっかりすると，高速動作時に加熱したり，電源が不安定になったりする落とし穴にはまります。8 章で紹介する ASIC の設計では，放熱設計と関連して消費電流計算は設計時の重要な仕事になります。

2.3.2 CMOS の動特性

ディジタル素子の動特性で重要なパラメタは

(1) 立上り時間 (t_r)：出力が L から H へ変化するときに H レベル電圧の 10 %から 90 %に変化するのに要する時間。L から H へ変化（transient）する時間という意味で，t_{TLH} と呼ぶ場合もあります。

(2) 立下り時間 (t_f)：出力が H から L へ変化するときに H レベル電圧の

90 %から 10 %に変化するのに要する時間。H から L へ変化する時間という意味で，t_{THL} と呼ぶ場合もあります。

(3) 伝搬遅延時間（t_{PHL}, t_{PLH}）：入力が変化してから，出力が H レベルの 50 %に達する時間。

の四つです（**図 2.29**）。ここで，工学的に最も重要なのは伝搬遅延時間です。CMOS においては，H レベルはほとんど電源電圧に等しく，スレッショルドレベルはほぼその半分に当たります。つまり，伝搬遅延時間は，入力がスレッショルドレベルを横切ってから，出力がスレッショルドレベルを横切るまでの時間ということになります。これはすなわちディジタル的にデータが伝搬する時間を表しているわけです。

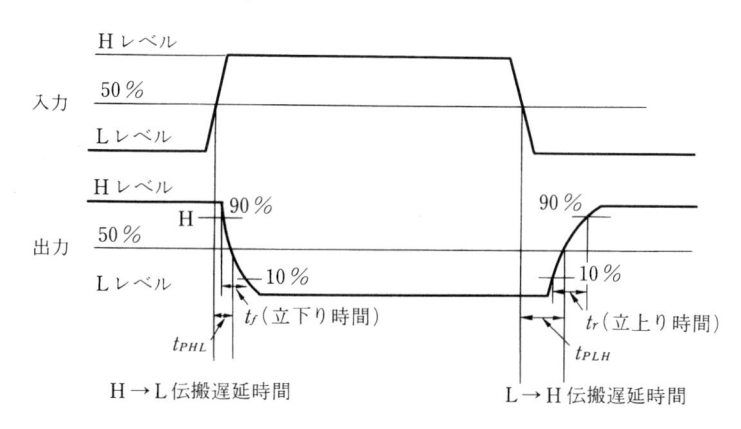

図 2.29 ディジタル素子の動特性

表 2.3 に示した 74AC00 の動特性の ns（ナノセコンド）というのは 10^{-9} で，74AC00 の遅延時間は 5〜7 ns 程度です。この値は後で TTL と比較するとわかりますが，相当高速です。

先に紹介したように，遅延時間は，つないだ相手の入力容量や，配線容量などの容量負荷が大きくなるにつれて，大きくなってしまいます。かつての CMOS では，この遅延時間の増大が相当なものだったのですが，最近の特に AC シリーズは，この点でもたいへん改善されています。**図 2.30** に示すよう

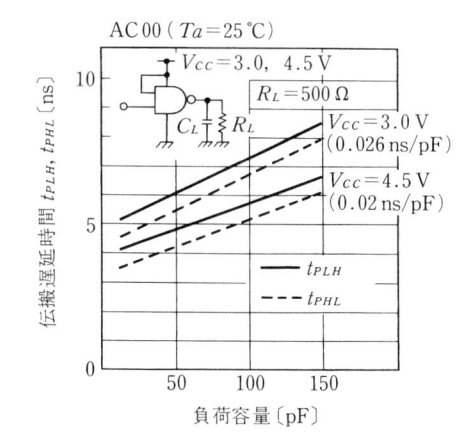

図 2.30 負荷容量と伝搬遅延時間

に，100 pF 以上つないでも遅延の増大はさほど大きくありません。実際多くの場合，入力容量や配線容量ではとても 100 pF には達しないので，この点でも安心して使うことができます。

規格表で見るとわかりますが，t_{PHL}, t_{PLH} の値は，若干異なります。多くの場合，t_{PHL} のほうが t_{PLH} よりやや小さい傾向にあります。これは nMOS と pMOS を比較すると，おもなキャリヤが電子である nMOS のほうが高速動作をさせやすい傾向にあるからです。また，同一デバイスでは電源電圧を上げたほうが遅延時間は小さくなります。

例題 2.7 図 2.31 の回路に図のような入力を与えた場合，出力が変化するまでに何 ns かかるか？

【解答】 遅延時間は出力の変化によって定まる。この場合は，点 A では H → L，点 B では L → H，点 C では H → L となる。したがって

$t_{PHL} + t_{PLH} + t_{PHL}$

6.5 + 8.0 + 6.5 = 21.0 〔ns〕(max)

4.5 + 6.0 + 4.5 = 15.0 〔ns〕(typ)

すなわち，最大 21 ns，標準 15 ns である。　　　　　　　　　　　◇

2.3 CMOS ゲートの電気的特性

```
    L┐┌H
     └┘
   H┐┌──AC00 A
    └┘     ├──┐
           │  ├──AC00 B
           └──┤     ├──┐
              │     │  ├──AC00  出力
              └─────┤  ├─────C
                    └──┘
```

	A H┐┌L		B L┐┌H		C H┐┌L
	t_{PHL}	+	t_{PLH}	+	t_{PHL}
5.0 V max	6.5	+	8.0	+	6.5
					=21.0 ns
typ	4.5	+	6.0	+	4.5
					=15.0 ns

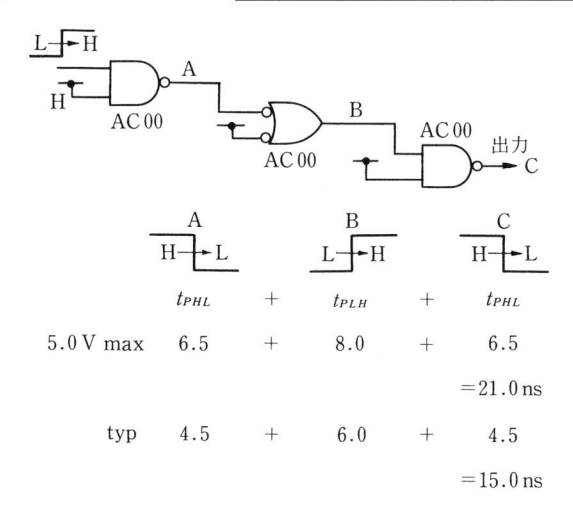

図 *2.31* 遅延の計算

この問題は，簡単な例なので，出力の変化を追っていくことができますが，複雑な回路では，さまざまな組合せがあるので，遅延の計算が容易ではありません。そこで実際はつぎのようにして行います。

- t_{PHL}, t_{PLH} の大きなほうの値をとって，それにゲート段数を掛ける。
- 論理シミュレータを用いる。

前者の方法は最悪時の目安を計算するのに有効ですが，段数が多いとかなり大きめにでます。詳細に求めたいときは，最近はパーソナルコンピュータ上で動く論理シミュレータが普及していますので，これを使うのがいいでしょう。遅延時間の最も長い信号伝搬経路を最長パスといいますが，ほとんどのシミュレータでは，このパスを自動的に求めて計算してくれます。

74 シリーズでは図 *2.25* で示した簡単なゲートのほかに以下のような，より複雑な機能をもつ組合せ回路もあります。これらの回路の遅延時間は，入力と出力の組合せによって異なります。

(1) デコーダ：入力された 2 進数に対応した出力を一つだけアクティブにする。74AC138（3 入力 8 出力）， 74AC139（2 入力 4 出力）などが代

表的.

(2) プライオリティエンコーダ：デコーダの逆の動作を行う。すなわちどれか一つの入力をアクティブにすると，それに対応した2進数を出力する。74AC148（8入力3出力）などが代表的。二つ以上の入力がアクティブになった場合を判断する優先順位（プライオリティ）がついている。

(3) マルチプレクサ（データセレクタ）：複数の入力からどれか一つを選ぶ回路。2入力から一つを選択する74AC157，4入力から一つを選択する74AC153，8入力から一つを選ぶ74AC151などが代表的。

(4) アダー：加算を行う組合せ回路。4 bit アダー74AC283 など。

(5) コンパレータ：二つの入力の大小関係を判定する。8 bit の74AC521 など。

ここでは，これらのICの機能をそれぞれ解説することはしませんが（興味のある方は参考文献1），2）等を参考にしてください），規格表の値から遅延時間を計算する練習はやっておきましょう。

例題 2.8 **表 2.4** は，74AC139 の機能と遅延時間を示す。

1. 入力 $\bar{E}$ の役割はなにか。
2. 入力 $\bar{E}$ から各出力までの遅延時間，入力 A_1, A_0 から各出力までの遅延時間を読み取れ。

【解答】 表 2.4 中に示すように，この回路は $\bar{E} =$ H のときは A_1, A_0 がどのような値でも出力はすべて H レベルで動作しない。$\bar{E} =$ L のときに入力 $A_1 A_0$ の値が 00 ならば $\bar{O}_0$，01 のとき $\bar{O}_1$，10 のとき $\bar{O}_2$，11 のとき $\bar{O}_3$ というように対応する出力が L になる。つまり，$\bar{E}$ はこのデコーダを動作させたり止めたりする働きがある。このような端子をイネーブル（Enable）端子と呼ぶ。規格表より，5 V，25 ℃における Enable 端子（つまり $\bar{E}$）からの遅延時間は 8.5 ns，SELECT（つまり A_1, A_0）からの遅延時間も 8.5 ns となる。 ◇

2.3 CMOS ゲートの電気的特性

表 2.4 74AC139 の機能と遅延時間

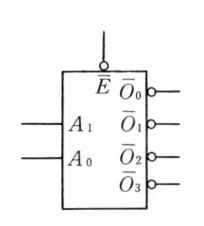

入力			出力			
$\overline{E}$	A_0	A_1	$\overline{O}_0$	$\overline{O}_1$	$\overline{O}_2$	$\overline{O}_3$
H	×	×	H	H	H	H
L	L	L	L	H	H	H
L	H	L	H	L	H	H
L	L	H	H	H	L	H
L	H	H	H	H	H	L

注) H : High レベル
L : Low レベル
× : "H", "L" いずれでもよい

項　目	記号	測定条件	V_{cc}^*〔V〕	Ta=25°C min	Ta=25°C typ	Ta=25°C max	Ta=-40〜+85°C min	Ta=-40〜+85°C max	単位
伝搬遅延時間	t_{PLH}	A_n to $\overline{O}_n$	3.3	1.0	8.0	11.5	1.0	13.0	ns
			5.0	1.0	6.5	8.5	1.0	9.5	
	t_{PHL}	A_n to $\overline{O}_n$	3.3	1.0	7.0	10.0	1.0	11.0	ns
			5.0	1.0	5.5	7.5	1.0	8.5	
	t_{PLH}	$\overline{E}_n$ to $\overline{O}_n$	3.3	1.0	9.5	12.0	1.0	13.0	ns
			5.0	1.0	7.0	8.5	1.0	10.0	
	t_{PHL}	$\overline{E}_n$ to $\overline{O}_n$	3.3	1.0	8.0	10.0	1.0	11.0	ns
			5.0	1.0	6.0	7.5	1.0	8.5	

　ここで紹介した AC シリーズは，かなり広い電源電圧での利用が可能ですが，基本的には電源が 5V であった時代の製品です．ところが後に述べるように最近は消費電力を抑えるために，低い電源電圧を使う傾向にあります．このために，低電圧版である LVC シリーズ，さらにその改良版の ALVC シリーズなどが用いられるようになりました．

2.3.3 CMOS の発展と低電圧化

1980 年頃までは，CMOS についての常識は以下のようなものでした．

- TTL より 3〜5 倍程度遅い（t_{PHL}, t_{PLH} : 50 ns くらい）．
- Motorola 社の 14000 シリーズ，RCA 社の 4000 シリーズという TTL の 74 シリーズとはまったく違った系統をもつ．

2. CMOS の動作原理と特性

- ファンアウトが小さく，TTL に接続するのはバッファ用のチップが必要。CMOS どうしの場合，容量負荷により動作速度が遅くなった。
- 電源電圧は 2 ～18 V と幅広い。
- 静電気，電源電圧変動により，しばしば壊れる。

つまり，かつては CMOS は主としてマイクロプロセッサ等の LSI チップに用いられ，ゲート等の SSI，MSI で用いる場合は，消費電力の小ささ，電源電圧の柔軟性，ノイズマージンの大きさ等から，移動用のシステムが主でした。

この状況はチップ実装技術の進展により，TTL と同等のスピードをもつ high speed 判の HC シリーズが登場することで，大きく変化しました。この HC シリーズは，ピン配置と機能を完全に TTL の 74 シリーズに合わせたため，以後，CMOS と TTL は同じ土俵で競争することになりました。さらに，advanced high speed CMOS と呼ばれる AC シリーズが登場し，3 章で紹介する第 3 世代の TTL を圧倒しました。

さらに，1990 年代の終わりから 2000 年のはじめにかけて，電源電圧の低電圧化が急速に進みました。先に紹介した AC シリーズは，かなり広い電源電圧での利用が可能ですが，基本的には電源が 5V であった時代の製品です。ところが携帯用機器の発達や，携帯用でなくても周波数帯の向上による電力消費の増加を抑えるために，電源電圧を低くする必要性が生じました。5V であった標準電圧は，3.3V, 2.5V, 1.8V とどんどん低下してゆき，それに対応した製品が登場しました。

- LV-A (low voltage) シリーズ: 3V 電源対応で低電圧版の先駆け。5V も対応，7.0ns 程度の遅延
- LVC (low voltage CMOS) シリーズ: 1.65～3.6V, 2.5V 電源対応，LV-A シリーズより高速で 5.0nsec 程度の遅延
- ALVC (advanced low voltage CMOS) シリーズ: 1.65～3.6V, 2.5V 電源対応，LVC シリーズより高速で 3.0nsec 程度の遅延

さらに 1.8V 電源をおもな対象とした AUC シリーズも登場しています。74ALVC00 の静特性を**表 2.5** に示します。電源電圧と出力電流の違いが影響

する点にご注意ください．AC シリーズ同様，ノイズマージンや消費電力を計算してみましょう．

74ALVC00 および LVC00 の伝搬遅延時間を**表 2.6** に示します．表中の値は，L → H, H → L 共通で，最大値です．表 2.3 に示した 74AC00 と比較しても，かなり高速に動作するのがわかります．ALV00 では 2.5V が最も高速に動作する電圧になっています．

表 2.5 74ALVC00 の静特性

パラメタ	条件	電源 (V_{CC})	min	typ	max	単位
V_{OH}	$I_{OH} = -100\mu A$	1.65 to 3.6	$V_{CC}-0.2$			V
	$I_{OH} = -4mA$	1.65	1.2			
	$I_{OH} = -6mA$	2.3	2			
	$I_{OH} = -12mA$	2.3	1.7			
V_{OL}	$I_{OL} = 100\mu A$	1.65 to 3.6			0.2	V
	$I_{OL} = 4mA$	1.65			0.45	
	$I_{OL} = 6mA$	2.3			0.4	
	$I_{OL} = 12mA$	2.3			0.7	
V_{IH}		1.65 to 1.95	$0.65 \times V_{CC}$			V
		2.3 to 2.7	1.7			
		2.7 to 3.6	2			
V_{IL}		1.65 to 1.95			$0.35 \times V_{CC}$	V
		2.3 to 2.7			0.7	
		2.7 to 3.6			0.8	
I_{OH}		1.65			4	mA
		2.3			12	
		3			24	
I_{OL}		1.65			-4	mA
		2.3			-12	
		3			-24	
I_I	$V_I = V_{CC}$ or GND	3.6			± 5	μA
I_{CC}	$V_I = V_{CC}$ or GND	3.6			10	μA
C_i	$V_I = V_{CC}$ or GND	3.3		4.5		pF

表 2.6　74ALVC00,LVC00 の伝搬遅延時間

	V_{CC}=1.8V	V_{CC}=2.5V	V_{CC}=2.7V	V_{CC}=3.3V	
ALVC00	4.4	2.8	3.2	3	ns
LVC00	-	-	5.1	4.3	ns

2.3.4　CMOS 利用上の注意

CMOS を利用する際には以下の点に注意する必要があります．

〔1〕 静電破壊

気候が乾燥しているとき，衣服がこすれると発生する静電気は 1 000 V 以上の非常に高い電圧になります．しかし人間にとってピリッとする程度で済むのは静電気は電流を流すパワーがまったくないからです．ところが，CMOSのゲート上の絶縁膜はごく薄く作られているため，パワーがなく電圧だけ高い静電気によって破壊されてしまいます．もちろん，基板中に組み込まれて電源と接続されていれば，通常このようなことは起きないのですが，チップを裸のまま放り出しておく場合が危険です．

最近は入力に保護回路が入っているため，静電破壊はほとんどなくなりましたが，やはり保存時は，導電スポンジに指す，銀紙にくるむ，あるいは ANTI STATIC と書かれたレールまたは袋（黒または青みがかった透明が多い）に入れる等の注意が必要です．

〔2〕 ラッチアップ

CMOS は nMOS-FET と pMOS-FET を同一半導体上に作りますので，n と p の領域が複雑に入り組み，図 2.32 に示すように寄生トランジスタを作ってしまいます．この寄生のトランジスタがサイリスタという素子を形成します．

サイリスタは pnp 形と npn 形の二つのトランジスタを組み合わせた構造をもつ 3 端子の素子で電力制御に用いられます．この素子はある条件で ON になると，その条件を取り除いても ON になり続けるのが特徴で，CMOS 中の寄生サイリスタもなにかのはずみで ON になると歯止めがきかず，過大な電流が流れて最後には素子が破壊されてしまいます．この現象を**ラッチアップ**と呼び

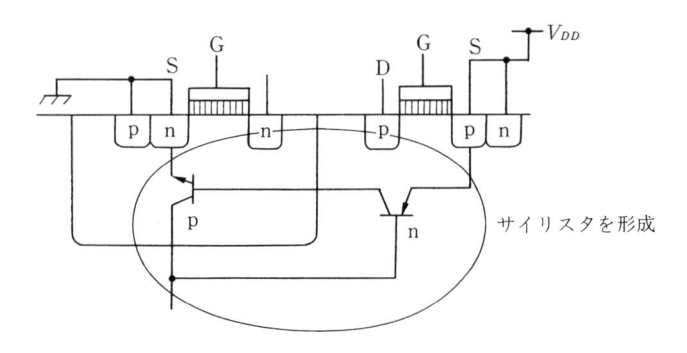

2.3 CMOS ゲートの電気的特性

図 2.32 ラッチアップの原因となる寄生トランジスタ

ます。

サイリスタがどのようなきっかけで ON になるのか正確なメカニズムは解明されていないのですが，入力電圧が電源電圧を超したときに起きることが経験的にわかっています。すなわち，入力に大きなスパイクが生じたり，電源電圧の変動が激しかったりするときが危ないので，まずこのような状況をなくすことが重要です。また，入力に保護用の抵抗やダイオードを図 2.33 のように入れるのも有効です。最近の CMOS チップにはこのようなダイオードが組み込まれており，ラッチアップの頻度は昔に比べ減っています。

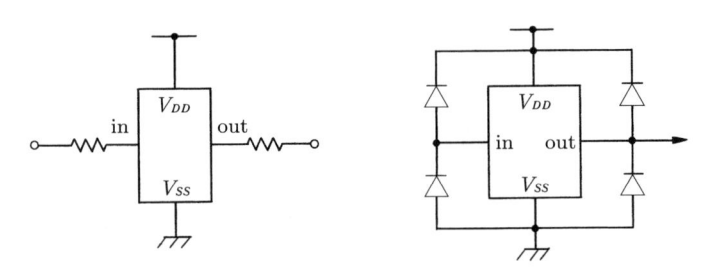

図 2.33 保護用のダイオード

〔3〕 使用しないゲートの入力

1 パッケージには複数のゲートが入っているので，そのうちいくつかは使用しない場合があります。このようなとき，3 章で紹介する TTL では

使用しないゲートの入力は放っておいてもかまいません。放っておかれた入力には電流が流れないので，Hレベルが入力したとみなされます。ところが，CMOSは電圧制御素子なので，入力を放っておくと，ノイズの電圧によって動作してしまいます。もちろん，ゲート自体使わないので，動作してもかまわないはずなのですが，先ほど紹介したようにCMOSの消費電力は動作周波数に比例するのです。このため，ノイズによって意味のない動作をしている使わないゲートがどんどん電力を消費することになってしまいます。このようなことを防ぐため，CMOSは使用しないゲートでも入力はきっちりGNDに落とすなどの処理をしてやる必要があります。

章 末 問 題

(1) 図 2.34 の回路について，各トランジスタの ON-OFF および出力電圧を解析し，表を埋めよ。またこの回路はどのような動作をするか。

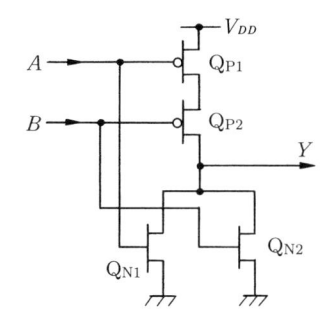

A	B	Q_{P1}	Q_{P2}	Q_{N1}	Q_{N2}	Y
L	L					
L	H					
H	L					
H	H					

図 2.34

(2) 図 2.35 の回路の動作を解析し，ブール式を示せ。
(3) 以下のブール式を実現する CMOS の回路を示せ。

$$\overline{(A+B) \cdot C \cdot D}$$

$$\overline{(A \cdot B \cdot C) + D}$$

章　末　問　題

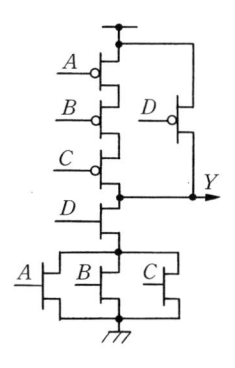

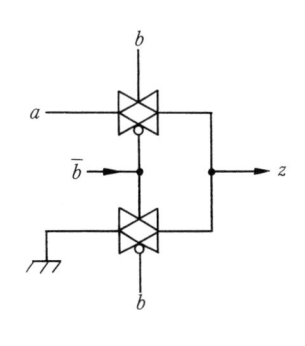

図 **2.35**

表 **2.7** 74LVC00 の静特性

パラメタ	条件	V_{CC}	min	typ	max	単位
V_{OH}	$I_{OH} = -100\mu A$ $I_{OH} = -4mA$ $I_{OH} = -8mA$ $I_{OH} = -12mA$	1.65 to 3.6 1.65 2.3 2.7	$V_{CC}-0.2$	1.2 1.7 2.2		V
V_{OL}	$I_{OL} = 100\mu A$ $I_{OL} = 4mA$ $I_{OL} = 8mA$ $I_{OL} = 12mA$	1.65 to 3.6 1.65 2.3 2.7		0.2 0.7 0.4	0.45	V
V_{IH}		1.65 to 1.95 2.3 to 2.7 2.7 to 3.6	$0.65 \times V_{CC}$ 1.7 2			V
V_{IL}		1.65 to 1.95 2.3 to 2.7 2.7 to 3.6			$0.35 \times V_{CC}$ 0.7 0.8	V
I_{OH}		1.65 2.3 2.7			4 8 12	mA
I_{OL}		1.65 2.3 2.7			-4 -8 -12	mA
I_I	$V_I = V_{CC}$ or GND	3.6			± 5	μA
I_{CC}	$V_I = V_{CC}$ or GND	3.6			10	μA
C_i	$V_I = V_{CC}$ or GND	3.3		5		pF

56　　　2. CMOS の動作原理と特性

(4) 74AC00 の規格表の電気的特性より，V_{CC} = 3.0 V, 5.5 V におけるノイズマージンをそれぞれ読み取れ．

(5) 図 2.36 の回路に図に示す入力を与えた場合，出力が変化するまでに何 ns かかるか？

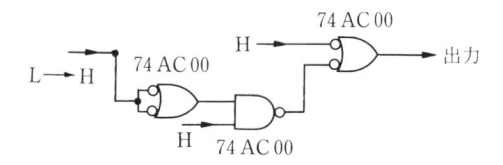

図 2.36

(6) 図 2.37 に示す CMOS レイアウトは，どのような回路に相当するか．

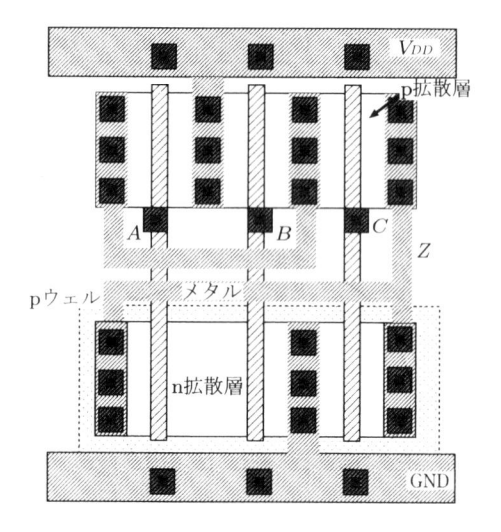

図 2.37

(7) A, B, C 3 入力に対する NOR ゲートを CMOS で実現する．

  (a) トランジスタの接続図を示せ．

  (b) レイアウトの略図を示せ．

(8) 表 2.7 は 74LVC00 の静特性である．

  (a) 2.7 V, 12 mA におけるノイズマージンを計算せよ．

(b) 1.65V におけるファンアウトを計算せよ。

(9) 表 2.8 はデータセレクタ 74AC157 の規格表である。STROBE 入力 ($\bar{E}$)，SELECT 入力 (S)，DATA 入力 (I_0, I_1) それぞれからの遅延時間を読み取れ。また各出力に AC00 を 1 個ずつつなぎ 10 MHz で動作させた場合の消費電力

表 2.8 74AC157 の規格表

HD 74 AC 157（$C_1 = 50$ pF，入力 $t_r = t_f = 3$ ns）

項　目	記号	測定条件	V_{CC}*〔V〕	Ta=25°C min	Ta=25°C typ	Ta=25°C max	Ta=−40～+85°C min	Ta=−40～+85°C max	単位
伝達遅延時間	t_{PLH}	S to Z_n	3.3	1.0	7.0	11.5	1.0	13.0	ns
			5.0	1.0	5.5	9.0	1.0	10.0	
	t_{PHL}	S to Z_n	3.3	1.0	6.5	11.0	1.0	12.0	ns
			5.0	1.0	5.0	8.5	1.0	9.5	
	t_{PLH}	$\bar{E}$ to Z_n	3.3	1.0	7.0	11.5	1.0	13.0	ns
			5.0	1.0	5.5	9.0	1.0	10.0	
	t_{PHL}	$\bar{E}$ to Z_n	3.3	1.0	6.5	11.0	1.0	12.0	ns
			5.0	1.0	5.5	9.0	1.0	9.5	
	t_{PLH}	I_n to Z_n	3.3	1.0	5.0	8.5	1.0	9.0	ns
			5.0	1.0	4.0	6.5	1.0	7.0	
	t_{PHL}	I_n to Z_n	3.3	1.0	5.0	8.0	1.0	9.0	ns
			5.0	1.0	4.0	6.5	1.0	7.0	
入力容積	C_{in}		5.5	—	4.5	—	—	—	pF
内部等価容積	C_{PD}		5.0	—	50.0	—	—	—	pF

* 3.3 V＝3.3 V±0.3 V
　5.0 V＝5.0 V±0.5 V（C_{PD}を除く）

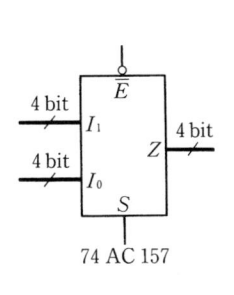

入　　力				出　力
$\bar{E}$	S	I_0	I_1	Z
H	×	×	×	L
L	H	×	L	L
L	H	×	H	H
L	L	L	×	L
L	L	H	×	H

注）H：High レベル
　　L：Low レベル
　　×："H"，"L" いずれでもよい

74 AC 157

を計算せよ．

(10) 74ALVC00 の C_{PD} は 3.3V で 23pF である．ゲート一つに対してファンアウトを 2 とった場合について，消費電力を計算せよ．ただし動作周波数は 30MHz とする．

3 BJTを基本とするディジタルIC

3.1 ダイオードのモデル化と基本ゲートの構成

3.1.1 ダイオード

CMOSは，まずスイッチングモデルを紹介してから動作原理を紹介しました．ところがダイオードは，案外スイッチングモデルがしっくり理解できない場合があるので，逆に動作原理から紹介します．

ダイオードは最も簡単で基本的な半導体なので，ご存じの方も多いと思いますが，その特性と記号を簡単に復習しておきましょう．ディジタル回路で一般的に用いられる接合形ダイオードは**図 3.1**に示すように，半導体接合を一つもち，p形のほうの端子をアノード（A）と呼び，n形のほうの端子をカソード（K）と呼びます．

CMOSの動作原理のときにも触れましたが，p形半導体中には＋の電荷をもった正孔（ホール）が，n形半導体には－の電荷をもった電子が存在し，こ

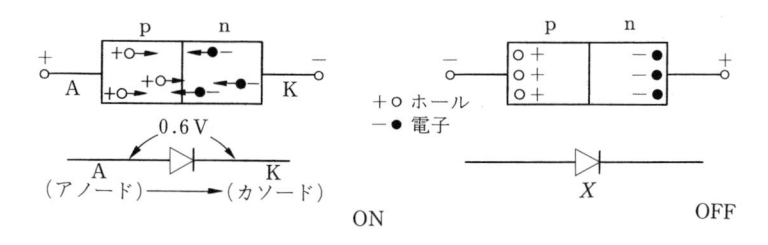

図 **3.1** 接合形ダイオードの動作原理

れが電荷を運ぶことで電流が流れます。これら電荷（電流）の運び手のことをキャリヤ（carrier）と呼びます。p形とn形の半導体を接合すると，この間には電気的に超えられない壁ができてしまいます。このため，なにも電圧をかけない状態では，p形半導体中のホールとn形半導体中の電子はたがいに入り混じることはありません。

さて，ホールは＋電荷をもっているので，＋の電圧に反発し，−の電圧に吸引されます。電子はこの逆で−の電圧に反発し，＋の電圧に吸引されます。このため，アノードを＋，カソードを−の方向に一定以上の電圧を与えると，これらがpn接合の壁を乗り超えて移動することによってたがいに結合して消滅します。

このことにより，電流が流れます。この方向を順方向と呼び，電流が流れている状態をONになった状態と呼びます。逆方向に電圧をかけると，ホールと電子は両端に集まるだけで結合は起こらず，電流は流れません。これがダイオードがOFFになった状態です。

ダイオードの電圧-電流特性を図 **3.2** に示します。逆方向では流れる電流はほとんど0で，pn接合の壁を超える一定の電圧を超えると大量の電流が流れるのがわかります。この電流特性は，アノードを＋，カソードを−にとった電

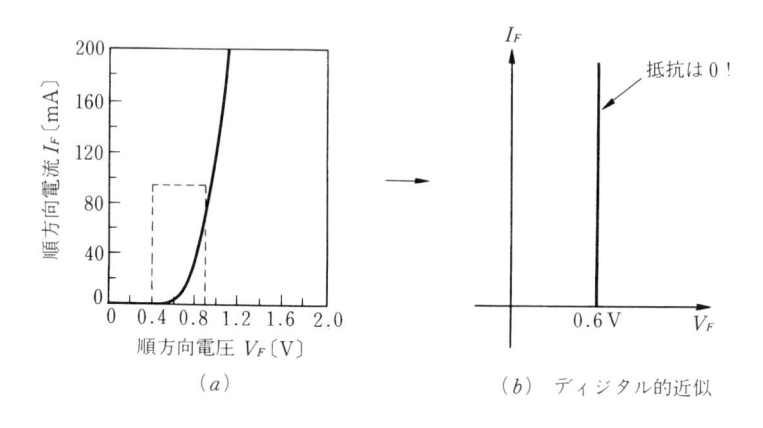

(a)

(b) ディジタル的近似

図 **3.2** ダイオードの電圧-電流特性

圧 V に対してつぎのような指数関数で表現することができます。

$$I = I_S \left\{ \exp\left(\frac{qV}{kT}\right) - 1 \right\}$$

ここで，q は電子の電荷，k はボルツマン定数，T は絶対温度であり，常温ではだいたい

$$\frac{kT}{q} \approx 26 \ [1/\mathrm{mV}]$$

となります。また，I_S は pn 接合の逆方向の飽和電流で，たいへん小さな値で，シリコンダイオードならば 10^{-12} から 10^{-14} くらいのオーダになります。この式で V に電圧を与えて電流を計算すると，だいたい 0.6～0.7 V 付近で急激に立ち上がる指数曲線になります。つまり ON 状態になる電圧である ON 電圧は，だいたい 0.6～0.7 V くらいになるわけです。

さて，ディジタル回路で用いられるスイッチング用のシリコンダイオードでは，この曲線の立ち上がりはたいへん鋭いので，ディジタル回路では図 3.2 のように簡単に直線でモデル化してしまいます。すなわち，つぎのように考えます。

- ON 電圧（シリコンダイオードでは 0.6～0.7 V。式に示すように温度の影響を受け，I_S の違いによるばらつきも激しいので，厳密に値を計算しても意味がないことが多い。本書では 0.6 V に統一しておきます）を超えると，ON の状態になる。このとき，ダイオードの抵抗は 0 になり，電流は外部の抵抗にのみ制限されます。慣れないと 0.6 V 以上は抵抗 0 というのが実感がわきにくいので，逆に電流が流れているとき，ダイオードの両端は必ず ON 電圧（0.6 V）に相当する電圧が生じると考えるほうがわかりやすいかもしれません。

- ON 電圧を超えない場合，OFF 状態になります。これは両端が開放されている（切れている）のと同じです。

3.1.2 ダイオードを用いたゲート

さて，ダイオードを用いると AND ゲートが簡単に構成できます。

3. BJTを基本とするディジタルIC

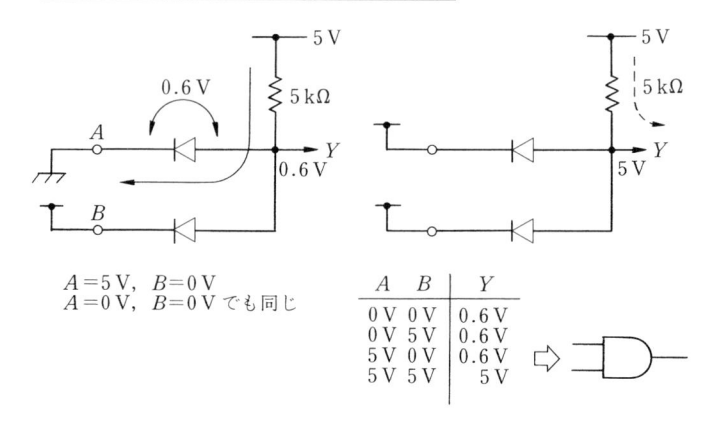

$A=5\,\mathrm{V},\ B=0\,\mathrm{V}$
$A=0\,\mathrm{V},\ B=0\,\mathrm{V}$ でも同じ

A	B	Y
0 V	0 V	0.6 V
0 V	5 V	0.6 V
5 V	0 V	0.6 V
5 V	5 V	5 V

図 3.3 ダイオードによる AND ゲート

図 **3.3** のようにダイオード二つを抵抗を介して電源（5 V）に接続します。ここで，入力の片方でも 0 V になれば対応するダイオードが ON になり，出力は 0.6 V となります。両方が ON になっても電流が分流するだけでやはり出力は 0.6 V です。両方の入力に 5 V がかかったときにのみ，出力に 5 V が出力されます。すなわち，0.6 V を L レベル，5 V を H レベルとすると，両方とも H レベルのとき H レベルが出力される AND ゲートになっています。図中に AND ゲートの記号を示します。同様に，OR ゲートも図 **3.4** のように簡単に構成できます。

例題 3.1 図 *3.4* の OR ゲートに，表に示す入力を与えた。出力電圧を計算せよ。

【解答】 片方の入力に 5 V がかかると，出力は 5 − 0.6 = 4.4 V になる。両方が 5 V になっても電流が分流するだけで，やはり出力は 4.4 V になる。入力が 0 V のときは回路中に電源は存在せず，出力は 0 V となる。この回路は 0 V を L レベル，4.4 V を H レベルとすると，OR ゲートの働きをしていることがわかる。OR ゲートの記号を図中に示す。 ◇

ところがこの AND ゲート，OR ゲートは，実際には使いものになりません。

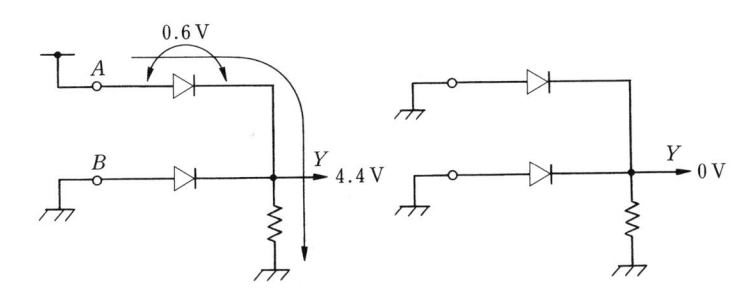

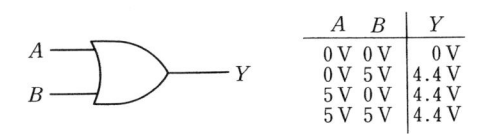

3.1 ダイオードのモデル化と基本ゲートの構成

A B	Y
0V 0V	0V
0V 5V	4.4V
5V 0V	4.4V
5V 5V	4.4V

図 **3.4** ダイオードによる OR ゲート

例題で確かめてみましょう。

例題 3.2 図 3.5 のように AND ゲートと OR ゲートを接続し，入力に電圧を与えた。出力電圧 E_Y を計算せよ。

【解答】 図中に示すダイオードが ON になり，矢印に示す電流 I が流れる。ここで，ダイオード 1 個につき 0.6 V 電圧が降下するので，電流 I は

$$I = \frac{5 - 0.6}{R_1 + R_2}$$

となる。$R_1 = R_2 = 2\,\text{k}\Omega$ の場合，出力 $E_Y = I \times R_2$ は

$$E_Y = \frac{4.4}{2R} \times R = 2.2\,[\text{V}]$$

$\Diamond$

このように，ダイオードを使った AND ゲートや OR ゲートは，出力になにもつながないときは，いちおう動作しますが，連結するとすぐにレベルが落ちてしまいます。

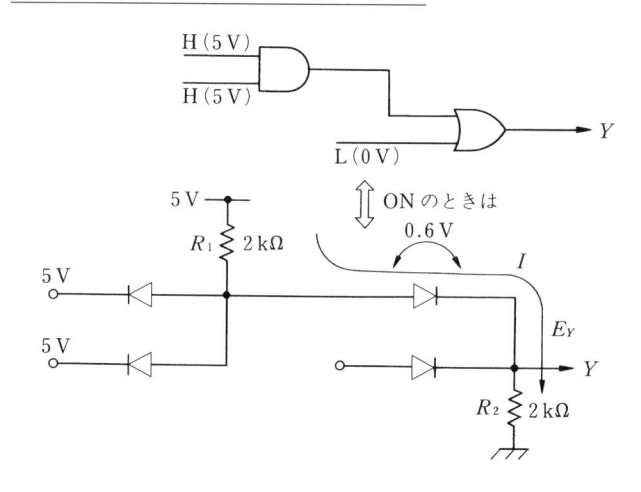

図 3.5 AND ゲートと OR ゲートの接続

[1] **ダイオード AND ゲート，ダイオード OR ゲートの静特性**

CMOS のゲートで検討したように，ディジタル素子において重要な静特性は入力出力特性，駆動能力，消費電力です．消費電力を除いた二つについてダイオード AND ゲート，ダイオード OR ゲートの静特性を検討してみましょう．

まず，駆動能力ですが，**例題 3.2** からわかるように，前回のダイオード AND ゲート，ダイオード OR ゲートには，けっきょく 1 個も同種のゲートをつなぐことができません．すなわち，ファンアウトは 0 となってしまいます．

例題 3.3 ダイオードによる AND ゲートの入出力特性を描け．またスレッショルドレベルはどのようになるか．

【解答】 いま，片方の入力にはつねに 5 V が入力されていると考える．ここで，ダイオードが ON の場合，出力は入力電圧 $E_{in} + 0.6$〔V〕になる．E_{in} が 4.4 V より大きくなるとダイオードは OFF となり，出力は 5 V となる．特性は CMOS ではほとんど実現できた理想の特性をはるかにはずれ，スレッショルドレベルは強いていうと 4.4 V になる（図 3.6）． ◇

以上のような理由で，静特性を検討した結果，ダイオード AND ゲート，ダ

3.2 DTL

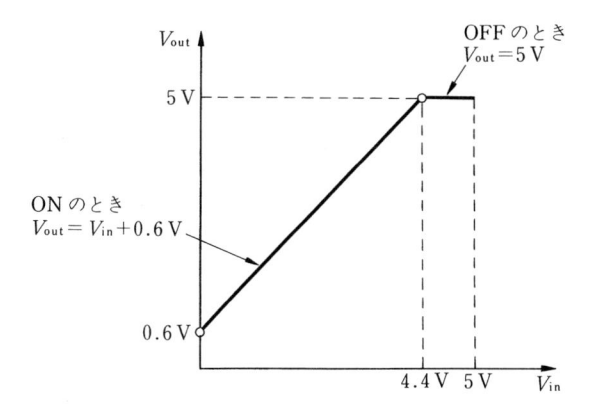

図 3.6 ダイオードによる AND ゲートの入出力特性

イオード OR ゲートは実際上使いものにならないことがわかりました。これは，ダイオードが受動素子であり，スイッチング能力をもっていても増幅能力をもたないからです。ここで，能動素子であるトランジスタを導入する必要が生じます。

3.2 DTL

3.2.1 BJT の直流特性

それでは BJT(binary junction transistor) の記号と特性を，ディジタル回路の設計に必要な側面だけ，簡単に紹介しましょう．普通のトランジスタ，つまり半導体接合を二つもつ BJT は，接合の方法により，npn 形と pnp 形があり，アナログ回路では両方が用いられます．しかし，ディジタル回路では npn 形以外はまずもって使われないため，ここでは npn 形に絞って説明します．またこの章に限って「トランジスタ」という言葉は BJT を指すこととします．

npn 形トランジスタは n, p, n の半導体が二つの pn 接合によって接続されており，**図 3.7** のようにそれぞれエミッタ（E），ベース（B），コレクタ（C）の電極がついています．図中に示すように，トランジスタのベースのついてい

3. BJT を基本とするディジタル IC

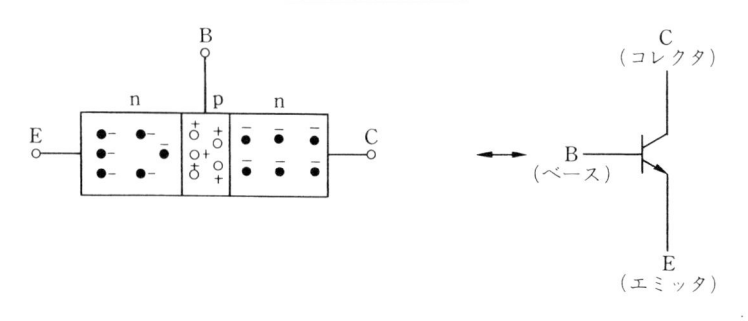

図 3.7　トランジスタの構成

る p 形の領域（ベース領域）は，エミッタのついている n 形領域（エミッタ領域），コレクタのついている n 形領域（コレクタ領域）に比べ薄くなっています。

さて，トランジスタのスイッチングは電流で電流を制御する方式なので，2 章で解説した MOS-FET や昔の真空管よりわかりにくく，とっつきにくい点があります。ここではなるべく直観的に説明します。

図 3.8 のように，エミッタを GND にして，コレクタに抵抗を通して高い電圧をかけます。エミッタ内の電子は高い電圧のかかったコレクタ側に流れていきたいのですが，ベースに電圧がかかっていないときは，ベース-エミッタ間の pn 接合の壁を超えられず，電流は流れません。このとき，コレクタ-エミッタ間，ベース-エミッタ間は電気的には「切れた」状態になります。これをトランジスタが OFF の状態であると呼びます。

さて，ここでベースにベース-エミッタ間の pn 接合がダイオードの順方向になるように，抵抗を通して正の電圧をかけてやります。ベース-エミッタ間はダイオードとまったく同じ pn 接合なので，ON となり，外部の抵抗によって制御される電流（ベース電流）が流れます。さて，エミッタから流れ込んだ電子の一部はベース領域のホールと結合して消滅しベース電流になりますが，ベースの p 形半導体は十分薄く作ってあるため，大半は勢いでコレクタ領域に飛び込み，コレクタに達してコレクタ-エミッタ間に電流が流れます。この状態をトランジスタが ON の状態といいます。

3.2 DTL

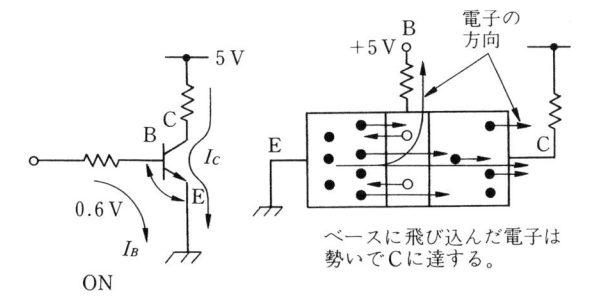

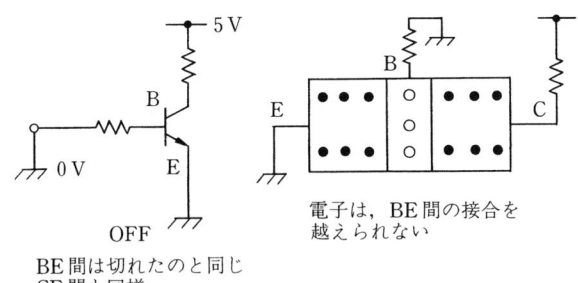

図 3.8 トランジスタの動作原理

ON の状態では，ベース-エミッタ間の特性は同じシリコンで作ってある pn 接合なので，ダイオードと同じです．すなわち，ベース-エミッタ間電圧 V_{BE} が一定値（0.6〜0.7V）を超えると ON になります．ダイオードと同様に ON 時は，つねにベース-エミッタ間に一定の電圧が生じたと考えてもいいのです．この電圧を通常ベース飽和電圧 V_{BEsat} と呼びますが，この呼び方は視点がアナログ的でいかめしいので，本書では簡単にベース ON 電圧と呼ぶことにします．ベースがきちんと ON になり十分なベース電流が流れていれば，コレクタ-エミッタ間は一定の電流以内なら，素子自体の抵抗はほとんど 0 で電流を流すことができます（もちろん負荷抵抗によって制限されるわけです）．つまりベース電流を ON-OFF することで，コレクタ-エミッタ間をくっつけたり離したりすることができるわけです．

68　　3. BJT を基本とするディジタル IC

このようにトランジスタの動作をモデル化すると，話はたいへん簡単です。つまり

- ベース電圧が ON 電圧より低ければ，トランジスタは OFF になり，ベース-エミッタ間も開放，コレクタ-エミッタ間も開放状態である。
- ベース電圧が ON 電圧を超えるとトランジスタは ON になり，ベース-エミッタ間はダイオード同様 ON になり，約 0.6 V の電位差を生じる。コレクタ-エミッタ間は短絡状態になり，電流は負荷抵抗によって制限される。

このように，トランジスタは，ベース-エミッタ間の ON-OFF で，コレクタ-エミッタ間の ON-OFF を制御することができるわけです。

この ON-OFF モデルは，アナログ回路の観点ではとんでもなく乱暴なモデルですが，じつはディジタル回路を考えるほとんどの局面で通用します。ここではこの簡単なモデルを使って DTL の動作を考えてみましょう。

3.2.2　DTL の構成

図 *3.9* に示す回路の入出力特性を考えてみましょう。ベース電圧が ON 電圧を超えるまでは，トランジスタは OFF でコレクタ-エミッタ間は開放されています。このときコレクタには抵抗を通して 5 V が現れます。この値はベース電圧が ON 電圧に達するまでは，入力電圧を変えても変化しません。しかし，入力電圧を上げていってベース電圧が ON 電圧を超えてトランジスタが ON に

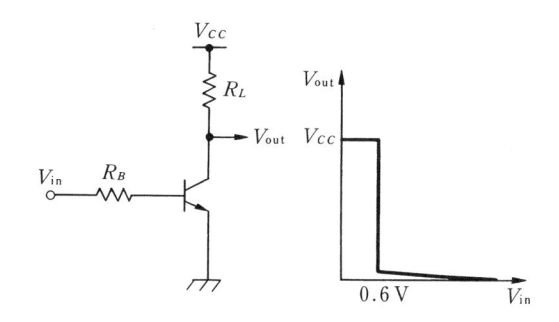

図 *3.9*　トランジスタによる NOT ゲート（インバータ）

なった場合，コレクタ-エミッタ間は短絡と同じですので，コレクタ電圧は一気に 0 V になります．

一度 ON になったら入力電圧を変えてもコレクタ電圧はずっと 0 V のままです．この場合，スレッショルドレベルはベース-エミッタ間の ON 電圧，すなわち 0.6 V になります．この回路は，L レベルを入力すると H レベルが出力され，H レベルを入力すると L レベルが出力されます．つまり NOT ゲート，あるいはインバータとなっています．図 3.6 と比べるとわかるように，スレッショルドレベルが低過ぎるものの，ディジタル回路らしい特性になっていることがわかります．

それでは，先ほどのダイオードで作った AND ゲート，OR ゲートとトランジスタで作った NOT ゲートを接続し，実用的な論理回路を構成してみましょう．この場合，AND ゲート，OR ゲートの後に NOT ゲートが接続されるため，回路自体は NAND ゲート，NOR ゲートとなります．2 章で紹介した CMOS もそうでしたが，NAND ゲート，NOR ゲートが基本ゲートとして用いられる理由の一つはここにあります（74 シリーズでも NAND ゲート : 7400，NOR ゲート : 7402 は AND ゲート : 7408，OR ゲート : 7432 より番号が小さく基本的なゲートです）．

さて単純にダイオード AND ゲートのあとに NOT ゲートを直結すると簡単に NAND ゲートができそうな気がしますが，これは残念ながら使いものになりません．

例題 3.4 図 3.10 に示すようにダイオードの AND ゲートの出力にトランジスタを直結した場合の動作を解析せよ．

【解答】 両方の入力が H レベルであれば，ダイオードは OFF になり，電流は右方向に流れてトランジスタは ON になる．したがって出力は 0 V である．

どちらかまたは両方の入力が L レベルになった場合，点 A の電位はダイオードの ON 電圧である 0.6 V になる．ところでこの電圧はトランジスタの ON 電圧でもあるため，電流はトランジスタのベース側にも流れ込む．このためこの場合でもトランジスタも ON になり，出力は L レベルとなってしまう．すなわち，

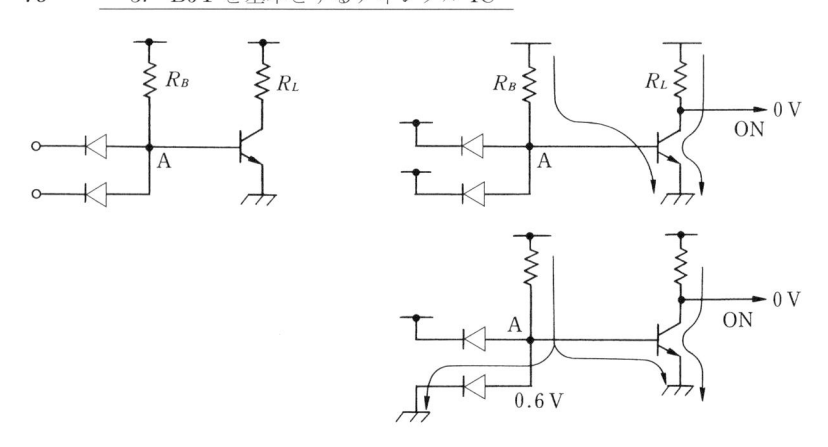

70　　3. BJT を基本とするディジタル IC

図 3.10　AND ゲート＋トランジスタによるインバータ

この回路ではトランジスタは ON に，なりっぱなしである。

$\diamondsuit$

　この問題を解決するため，トランジスタのベースにダイオードを 2 個挿入します（このような目的のダイオードをレベルシフトダイオードと呼びます）。これが最も基本的な NAND ゲートで，論理を作る部分がダイオード，反転増幅する部分がトランジスタであることから **DTL**（diode transistor logic）と呼びます。

　図 **3.11** に示す DTL の動作を解析してみましょう。AND ゲートの動作同様に，入力のどちらかに L レベルが存在すれば，D_1，D_2 のどちらかが ON になります。今度は，レベルシフトダイオードがあるので，トランジスタが ON になるためには点 A は $0.6 \times 3 = 1.8$ 〔V〕になる必要があり，0.6 V では出力トランジスタは確実に OFF になります。

例題 3.5　図 *3.11* に示す DTL のスレッショルドレベルを計算せよ。

　【解答】　トランジスタが ON になるためには，さらにレベルシフトダイオードが二つとも ON になる必要があるので，点 A は 1.8 V になる必要がある。点 A を 1.8 V にするためには入力電圧は入力ダイオードの降下分を差し引いた 1.8 −

3.2 DTL   71

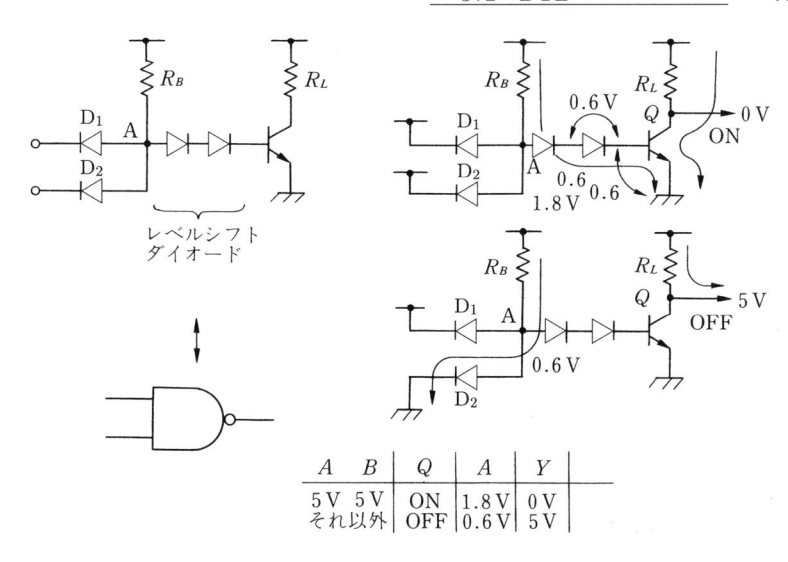

図 3.11 DTL NAND ゲート

$0.6 = 1.2$ V である必要がある。すなわち，入力が 1.2 V 以上に上がると，点 A が 1.8 V を超し，電流が右側に切り替わることになる。したがってスレッショルドレベルは 1.2 V である。   ◇

さて，残念なことに，この DTL は工業製品としては以下の問題がありました。(1) 出力のトランジスタが単一なため，性能のばらつきが大きい。(2) 動作速度が遅い。特に L レベルから H レベルへの変化が遅い。このため，実際に製品化されたのは，**図 3.12** に示す M-DTL(modified DTL) と呼ばれる回路でした。M-DTL では，レベルシフトダイオードの一つをトランジスタに置き換え，トランジスタを 2 個用いて電流を増幅することにより，個々のトランジスタの電流の流しすぎを防ぎ，安定な動作を実現しました。これが，本格的に商品化された最初のディジタル素子でしたが，動特性の点で以下に述べる TTL に及ばず，1970 年代の終わりにはほぼ姿を消しました。

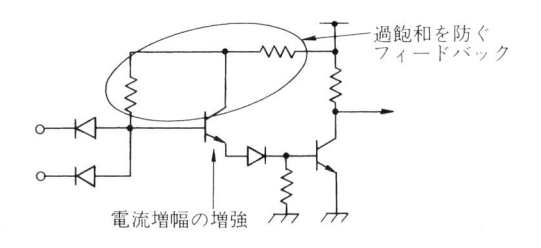

図 3.12　M-DTL

3.3　TTL

3.3.1　TTLの動作原理

出力のLレベルからHレベルへの高速化を達成し，M-DTLに代わってディジタルICの主流の座におどり出たのがTTL（transistor transistor logic）です。

TTLがDTLに比べて高速な理由を理解するためには，DTLがなぜ遅いかを理解する必要があります．DTLは，安定した駆動電流を確保することと，HレベルからLレベルへの変化を高速化するために，最終段のトランジスタのベース-エミッタ間にはある程度大きな電流を流す必要があります．

このように，トランジスタがONになるのに必要以上の電流を流している状態を過飽和状態と呼びます．過飽和状態では，多くのキャリヤが半導体内を移動しているため，急にOFFにしても，キャリヤがすべて半導体内からなくなるまでは電流が流れ続けてしまいます．このことをキャリヤ蓄積効果と呼びます．

TTLは，構造を変えることにより，過飽和状態を防ぐとともに，蓄積キャリヤを可能な限り速く吐き出すように工夫されています．図 3.13に示すように，TTLはDTLに比べ，つぎの3点が異なっています．

1. 入力の三つのダイオードがマルチエミッタトランジスタに置き変わったこと．

3.3 TTL

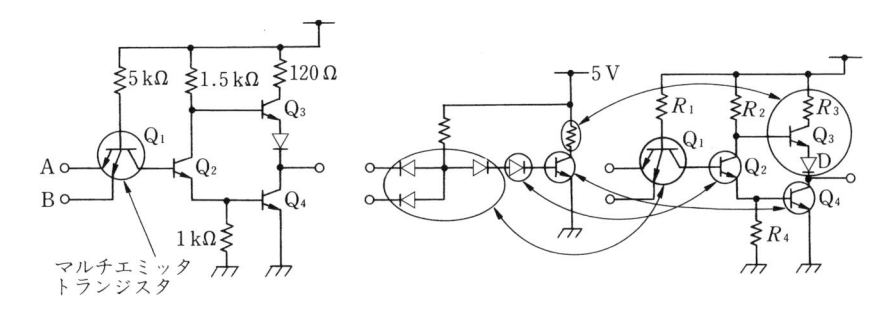

図 3.13 TTL と DTL の相違

2. レベルシフトダイオードの一つがトランジスタに置き変わったこと。
3. 負荷抵抗がトランジスタに置き変わったこと。

まず，2. の改造点は M-DTL と同様に Q_2，Q_4 の 2 段増幅により，個々のトランジスタでひどい過飽和を生じさせずに大きなファンアウトを得ることが目的です。1. と 3. の改造点は，DTL の弱点である出力トランジスタ ON → OFF 時の動特性を改善するためです。

マルチエミッタトランジスタ Q_1 は，一見不気味な雰囲気ですが，**図 3.14** に示すように，ベースとの間に二つ半導体接合をもつトランジスタです。pn 接合の向きを見るとわかるのですが，このトランジスタは，普段は背中合わせ

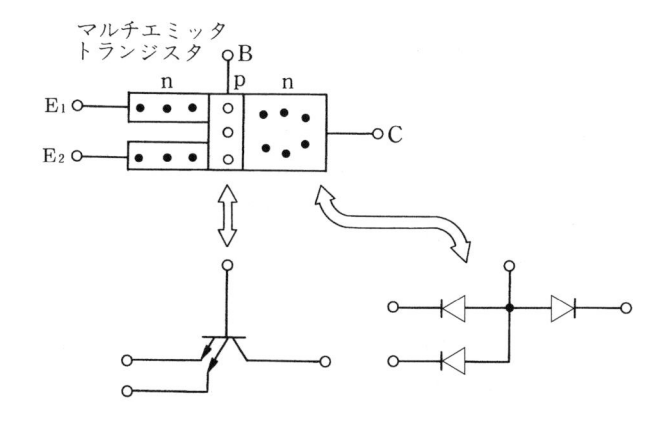

図 3.14 マルチエミッタトランジスタ

74　　3.　BJT を基本とするディジタル IC

に取り付けられた DTL の三つのダイオードとまったく同じ働きをします．例題をやりながら，TTL の動作を考えましょう．

例題 3.6　図 3.15 の入力 A, B がそれぞれ L, H のレベルになったときの，各トランジスタの ON-OFF を検討し，表を完成せよ．

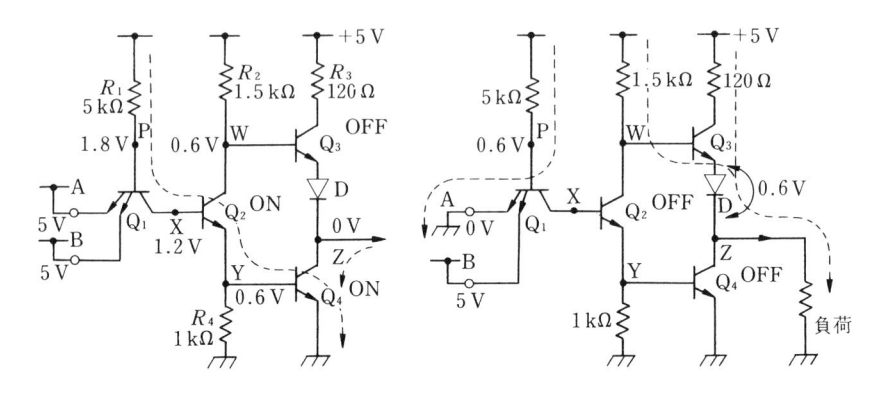

図 3.15　各トランジスタの状態

【解答】
- A, B が両方とも H レベルのとき：電流は右に流れ，Q_2, Q_4 は ON になる．このため，点 X，点 Y はそれぞれ 1.2，0.6 V になる．点 W は Q_2 が ON になるので点 Y とほぼ同じ電位の 0.6 V になる．このため Q_3 は OFF になる．この結果，点 Z はほぼ 0 V になる．
- A, B のどちらかまたは両方が L レベルのとき：電流は左方向に流れるため，Q_2, Q_4 ともに OFF となる．このため，点 W は 5 V に近くなる．点 Z は図 3.15 に示すように負荷を考えれば，電流は Q_3 から供給され，ダイオード D と Q_3 による電圧降下により約 3.8 V 前後になる．

したがって，図 3.15 は DTL 同様，NAND ゲートになる． ◇

ここで，TTL の入出力特性を考えましょう．まず，スレッショルドレベルですが，定常状態で入力のマルチエミッタトランジスタは，ダイオード三つの背中合わせと同じです．このため，Q_2, Q_4 が ON になるためには，図 3.15 の点 P は 1.8 V になる必要があります．したがって DTL 同様，スレッショルドレ

ベルは 1.2 V 前後になります。Q_2, Q_4 が ON のとき，出力 Z はほぼ 0 V（正確には $V_{CE\ sat}$）になり L レベルに関しては問題ありません。ところが，TTL の H レベルには問題があります。図 *3.15* に示すように，Q_2, Q_4 が OFF になると Q_3 はコレクタ，ベースともに H になり ON になりうる状態になります。ここで負荷が接続されると，Q_3 は電流を供給します。そのためには出力ダイオード D と Q_3 のベース電圧分が最低必要なので，H レベルは 3.8 V より低くなってしまいます。このため，TTL の入出力特性は図 *3.16* に示すように H レベル，スレッショルドレベルともに低く，しかも肩の落ちた特性となります。

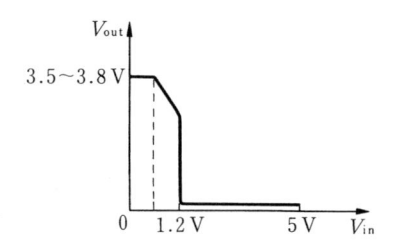

図 *3.16* TTL の入出力特性

この肩落ち特性は，Q_4 のベース抵抗が原因で，後の S-TTL，LS-TTL では改善されています（これは章末の演習問題で解析します）。それでは，なぜレベル低下の原因になるダイオード D が必要なのでしょう。

例題 *3.7* 図 *3.17* の Q_3 の下のダイオード D は，レベルシフトダイオードである。これが必要なのはなぜか考えよ。また，抵抗 R_3 は，なんのために必要か？（この形のため，このような出力をトーテムポール形と呼ぶ）

【解答】　A, B の両方が H になったとき，Q_2 は ON になり，点 W は 0.6 V になる。このとき H レベルを出力する働きの Q_3 は OFF になっていてもらいたいが，Q_4 も ON であるため点 Z は 0 V であるので，ダイオード D がないと Q_3 は ON になってしまう。すなわち，ダイオード D は Q_3 を確実に OFF にするためのレベルシフトダイオードである。$R_3 = 120Ω$ は，出力点 Z を GND と

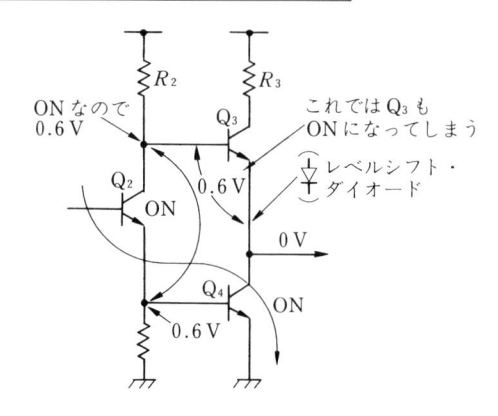

76　　3. BJT を基本とするディジタル IC

図 3.17　ダイオード D の働き

ショートしても過電流で Q_3 が破壊するのを防ぐ役目をする。　　　　◇

さて，つぎに 1 と 3 の改造点が DTL の弱点である，出力トランジスタ Q_2, Q_4 の ON → OFF 時の動特性をどうやって改善しているかを，**図 3.18** を見ながら解説します。ON 時には，Q_2, Q_4 のベース-エミッタ間にはたっぷり蓄積電荷がたまっています。急に OFF になっても，マルチエミッタ・トランジスタ Q_1 のコレクタは，たまった電荷によって高い電圧がかかっています。ここで，Q_2, Q_4 が OFF になるのは当然入力 A, B のどちらかが，L レベルで

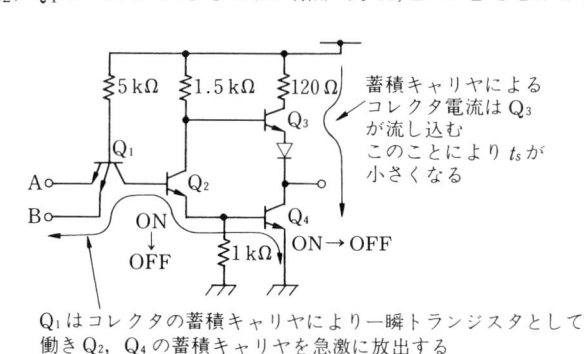

図 3.18　ON から OFF 時の高速化

あるはずです。つまり，マルチエミッタトランジスタの（少なくとも）片方のエミッタはLレベルです。また，ベースには抵抗を通して高い電圧がかかっています。つまり，コレクタ，ベースに高い電圧，エミッタはLレベルであるので，この瞬間 Q_1 はトランジスタとして働き，Q_2, Q_4 の蓄積キャリヤを急激に放出します。

　一方，このとき Q_3 は ON になり，コレクタ電流を急激に流し込むことにより，コレクタ領域に入ってしまった蓄積キャリヤを放出します。トランジスタのコレクタ-エミッタ間の ON 抵抗はほとんど 0 なので，この電流の流し込みは単に抵抗を用いた DTL よりもずっと強力です。結果として，TTL の立上り，立下りは DTL に比べ非常に急峻になります。

　このように，TTL はマルチエミッタトランジスタの利用と回路構成の工夫によって，高速化を達成しました。論理を作る部分も増幅の部分もトランジスタを使うことから TTL と呼ばれています。しかし，マルチエミッタトランジスタは，図 **3.19** に示すように二つのエミッタ間に寄生トランジスタを生じてしまい，入力間に干渉を起こす問題がありました。このため，つぎの節で紹介する TTL を改良した新しいシリーズではマルチエミッタトランジスタは使われず，ダイオードに戻ってしまいました。それでも名称は残り，これらの BJT

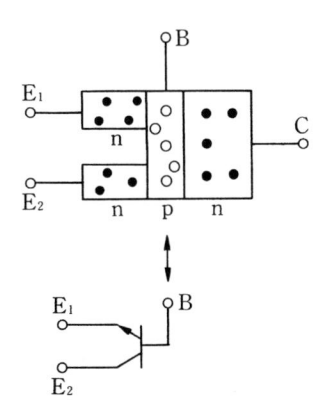

図 **3.19**　寄生トランジスタ

に基づく論理素子は一括して TTL と呼ばれています．

3.3.2　ショットキーバリヤダイオードを用いた TTL

いままでに紹介した TTL はノーマルあるいはスタンダード TTL と呼ばれ，最も古典的な構造で理解しやすいです．このノーマル TTL により，1970 年代にディジタル IC とそれを用いたディジタル製品が一般化し，現在 CMOS でも用いられる 74 シリーズが確立しました．

ノーマル TTL の速度の向上と消費電力の低下を可能にしたのは，80 年代にショットキーバリヤダイオード (Schottky barrier diode) という特殊なダイオードが導入されたことによります．ショットキーバリヤダイオードは，半導体とアルミニウム，プラチナ等の導体の接触によってできるエネルギー障壁を利用した点接触形ダイオードです．普通のトランジスタやダイオードは，接合面にキャリヤが蓄積するため，ON 時はベース電流を大きくしないと動作速度が速くならないにもかかわらず，ベース電流（ON 電流）を大きくして過飽和状態で使うとキャリヤの蓄積により OFF 時の動作速度が小さくなってしまうのが根本的な問題です．ところが，ショットキーバリヤダイオードは点接触なので，接合周辺のキャリヤの蓄積が少なく，ON 電圧がシリコンの半導体接合よりも小さい（0.4〜0.5 V 程度）という特徴をもちます．図 **3.20** にショットキーバリヤダイオードの記号と，トランジスタとの組合せを示します．

ここで，ショットキーバリヤダイオードの ON 電圧はトランジスタの ON 電圧より低いため，このダイオードを通してトランジスタが ON になるとベース

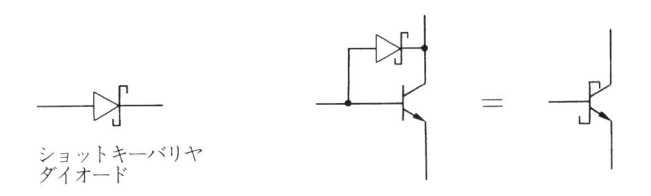

図 **3.20**　ショットキーバリヤダイオード

電流の一部がコレクタ側に流れ込みます（もちろんコレクタ電流となってけっきょくエミッタに流れ込むわけです）。このため，トランジスタはある程度以上は飽和しなくなります。もちろん，トランジスタが完全に ON になるまでは，このダイオードは働かないので，ベース電流を大きくして，高速に ON させることができます。すなわち，ON 時のベース電流は大きいが，ON 後の飽和は起こらず，ダイオード自身キャリヤ蓄積はないわけなので，けっきょく，高速な ON-OFF 動作が可能となるわけです。図 *3.21* に第 2 世代の S(Shottoky) シリーズに属する 74S00 の内部回路を示します。TTL と比べて，トランジスタが増えていますが，Q_5 はもともとの TTL のベース抵抗の代用をするもので，TTL の特性の肩落ちを改善します（演習問題参照）。また，出力のレベルシフトダイオードの代わりにもう一つトランジスタ Q_6 を導入して，ON 時にコレクタ電流を流し込む力を強化しています。

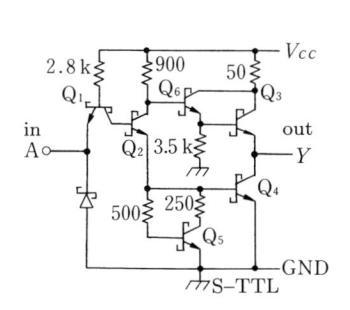

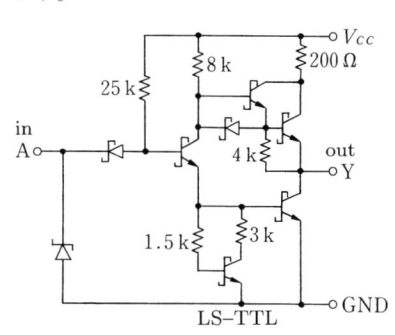

図 *3.21* S-TTL と LS-TTL

LS(low power ショットキー) シリーズは，スピードをなるべく落とさずに低電力化を図ったものです。抵抗の値，出力のダイオードは電力削減のための工夫です。LS-TTL 以降，入力はショットキーバリヤダイオードになっています。

S-TTL は確かに高速でしたが，そのあまりの大電流により電源や熱の問題が大きかったのです。この問題の解決のため，90 年代になってから F(fast) シリーズ，AS(advanced ショットキー) シリーズ，ALS(advanced low power ショットキー) シリーズが登場し，第 3 世代を形成しました。これらのシリー

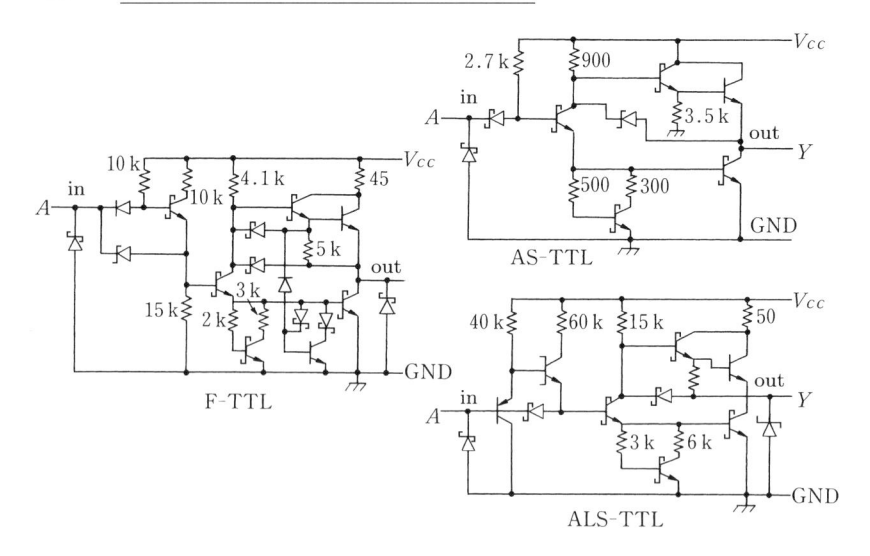

図 3.22 F-TTL，AS-TTL，ALS-TTL

ズは，それぞれトランジスタ自体の特性を改善するとともに，図 3.22 に示すように回路構成にも工夫を凝らし，複雑になっています．後に規格表から検討するように，初期の TTL に比べると相当の高速，低消費電流を実現し，AC シリーズなどの高速 CMOS に比べても，性能的には必ずしも負けたわけではありません．

TTL の退潮を決定的にしたのは低電圧化です．BJT は原理的に低電圧での安定動作が難しく，このため，CMOS が低電圧化を進める中，BJT の TTL はこれに対応することができませんでした．このため，21 世紀に入って，TTL は，保守用あるいはごく狭い用途の部品となり，ディジタル回路の主流を完全に CMOS に明け渡しました．

3.4 規格表から見た TTL の特性

いままで，DTL，TTL の中身の話をしてきました．しかし，実際にディジタル回路の設計を行う場合は，CMOS 同様，構造自体はブラックボックスと

3.4 規格表から見た TTL の特性

考え，与えられた規格表に基づいて設計を行うのが普通です．そこで，この章では，実際の規格表をもとに，設計の練習と，前章で紹介した中身がどのように規格に反映されているかを検討しましょう．

7400, 74ALS00, 74AS00, 74F00[8] の静特性を**表 3.1** に示します．CMOS

表 3.1 7400, 74ALS00, 74AS00, 74F00 の静特性

(a) 推奨動作条件（この条件内で使う必要がある）

	7400 min / nom / max	74 ALS 00 A min / nom / max	74 AS 00 min / nom / max	74 F 00 min / nom / max	単位
電源電圧 V_{CC}	4.75 / 5 / 5.25	4.5 / 5 / 5.5	4.5 / 5 / 5.5	4.75 / 5. / 5.25	V
Hレベル出力電流 I_{OH}	/ / −400	/ / −400	/ / −2000	/ / −1000	μA
Lレベル出力電流 I_{OL}	/ / 16	/ / 8	/ / 20	/ / 20	mA
動作温度 T_a	0 / / 70	0 / / 70	0 / / 70	0 / / 70	°C

min：最小値，nom：普通その値を用いる．max：最大値

(b) 電気的特性（推奨動作条件内で用いたとき，どのような特性を示すか）

パラメータ	テスト条件	7400 min / typ / max	74 ALS 00 A min / typ / max	74 AS 00 min / typ / max	74 F 00 min / typ / max	単位
V_{IH} Hレベル入力電圧		2 / /	2 / /	2 / /	2.0 / /	V
V_{IL} Lレベル入力電圧		/ / 0.8	/ / 0.8	/ / 0.8	/ / 0.8	V
V_{OH} Hレベル出力電圧	V_{CC}=min, $V_{IL}=V_{IL\max}$, I_{OH}=max	2.4 / 3.4 /	3.0 / /	3.0 / /	2.7 / 3.4 /	V
V_{OL} Lレベル出力電圧	V_{CC}=min, I_{OL}=max, V_{IH}=2 V	/ 0.2 / 0.4	/ 0.35 / 0.5	/ 0.35 / 0.5	/ / 0.5	V
I_{IH} Hレベル入力電流	V_{CC}=max, $V_{IH}=V_{IH\max}$	/ / 40	/ / 20	/ / 20	/ / 20	μA
I_{IL} Lレベル入力電流	V_{CC}=max, $V_{IL}=V_{IL\max}$	/ / −1.6	/ / −0.1	/ / −0.5	/ / −0.6	mA
I_{CCH} Hレベル消費電流	全出力 H	/ 4 / 8	/ 0.5 / 0.85	/ 2 / 3.2	/ 1.9 / 2.8	mA
I_{CCL} Lレベル消費電流	全出力 L	/ 12 / 22	/ 1.5 / 3	/ 10.3 / 17.4	/ 6.8 / 10.2	mA

min：最小値，typ：標準値，max：最大値

の場合と若干異なり静特性は推奨動作条件（recommended operating conditions）と電気的特性（electrical characteristics）に分かれています。

絶対最大定格はここでは定められておらず，推奨動作条件を守って使うことが前提になっています。電池で使える CMOS と違って，電源電圧の許容範囲が狭いことに注意して下さい。実際，ここで示す TTL は，5 V 以外の電源で利用することはできません。

CMOS 同様に，まず静特性から考えましょう。

3.4.1 静　特　性

〔1〕 入出力特性

TTL のスレッショルドレベルは前節で検討したとおり DTL と同じで，0.6×3 − 0.6 = 1.2 V 程度になります。ところが，この電圧は，トランジスタの ON 電圧がもとになって決まったものなので，CMOS 同様，温度（T）と，特性のばらつきにより，大きく変化します。図 3.23 に TTL のスレッショルドレベルの温度変化を示します。

CMOS 同様に，V_{IL}，V_{IH}，V_{OL}，V_{OH} を読み取ってノイズマージンを計算してみましょう。

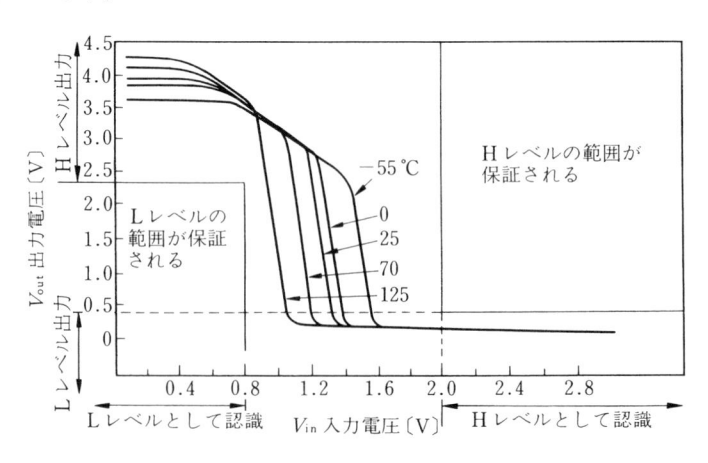

図 3.23　TTL のスレッショルドレベルの温度変化

3.4 規格表から見た TTL の特性

例題 3.8 7400 の規格表の電気的特性から H レベル，L レベルのノイズマージンを読み取れ．

【解答】　L レベルは
$$V_{IL} - V_{OL} = 0.8 - 0.4 = 0.4 \, [\text{V}]$$
H レベルは
$$V_{OH} - V_{IH} = 2.4 - 2.0 = 0.4 \, [\text{V}] \qquad \diamondsuit$$

電源電圧と GND の中間レベルにスレッショルドレベルをもつ CMOS とは違って，TTL のスレッショルドレベルは，だいぶ低いほうに偏っています．このため，ノイズマージンの点では CMOS より不利です．しかし，だからといって必ずしも TTL のほうが CMOS よりノイズに弱いということではありません．TTL はなにせ，ON-OFF するのにかなり強力な電流が必要なので，電圧だけで動作してしまう CMOS よりもある意味でノイズに強いともいえます．また，スレッショルドレベルが低いのも，スレッショルドレベルに達するまでの時間が少なくてすむため，高速動作を行う場合には逆に有利になります．

例題 3.9 TTL の入力を開放した場合，L レベルが入ったと考えればよいか？H レベルが入ったと考えればよいか？理由を示せ．

【解答】　TTL の場合は，入力が開放されていれば，マルチエミッタトランジスタのベースからの電流はコレクタ方向，つまり右方向に流れ，出力トランジスタが ON となる．これは H レベルが入力されたのと同じ状態である． $\diamondsuit$

[2] 駆動能力

規格表上は，どの程度の電流を外部から流し込めるかあるいは流し出せるかが I_{OL}, I_{OH} として，示されています．CMOS の場合と違って，推奨動作条件の欄に直接示されています．一方，どの程度の電流が入力に流れ込むか，ある

いは流し出すかが，I_{IL}，I_{IH} として示されています。

実際は，この値以上の電流を流し込んだり，流し出したりしても，素子がすぐに破壊されるわけではありませんが，V_{OL}，V_{OH} を維持できなくなり，レベルの受け渡しが不安定になります。

この値を用いて，7400 のファンアウトを検討してみましょう。

L レベルについて　　出力が L，つまり出力トランジスタが ON の場合は，図 **3.24** に示すように接続した入力から電流が流れ込んでくることになります。以前 CMOS のところで紹介しましたが，シンクロードです。したがって，流れ込んでくる電流 I_{IL} の総量が I_{OL} を超える個数を計算すれば，それが L レベルのファンアウトとなります。

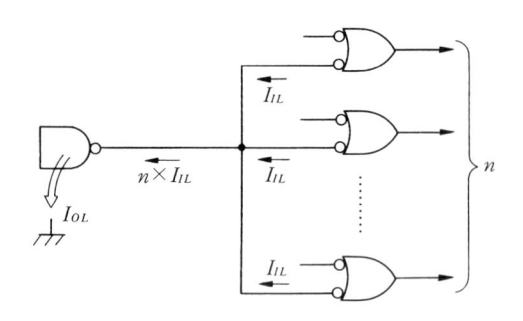

図 **3.24**　L レベルのファンアウト

まず，規格表の推奨動作条件から I_{OL} を読み取ると，16 mA となります。つぎに I_{IL} は，電気的特性から読み取ると，− 1.6 mA となります。ここで，マイナスがついているのは奇妙な気がしますが，これは，CMOS のところでも触れたように，規格表では，その素子について流れ込む方向を＋，流れ出す方向を−と定めたためです。入力電流は L レベルでは外部に流れ出すので，マイナスとなります。すなわち，この符号に気をつけていると，電流の方向がわかるわけですが，ファンアウトの計算上は，さほど気にする必要はありません。さて，ファンアウト n_L は

$$n_L = \frac{I_{OL}}{I_{IL}} = \frac{16}{1.6} = 10$$

となります。

H レベルについて　　H レベルの場合，図 **3.25** に示すように，電流は出力側から入力側に向かって流れ出します。入力側は漏れ電流であることから，この値は実際はごく小さいので，DTL のファンアウトを計算したときは，この値については無視してしまいました。ところが，製品管理上，漏れ電流を小さい値に抑えるのが難しいことから，規格表上では最悪の場合を考えて，電流値をかなり大きめに設定しています。そこで，計算上は，H レベルが問題となって全体のファンアウトが足りなくなったりするため，油断は禁物です。

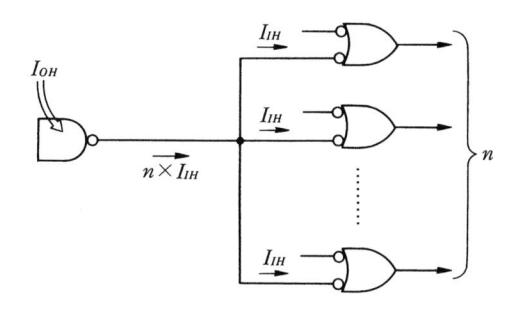

図 **3.25**　H レベルのファンアウト

同様に値を読み取ると，$I_{OH} = -400\mu A$，$I_{IH} = 40\mu A$ となります。今度は出力のほうが流し出しなので，符号がマイナスになっています。このため，同様にファンアウト n_H は

$$n_H = \frac{I_{OH}}{I_{IH}} = \frac{400}{40} = 10$$

となります。すなわちファンアウトは L，H ともに 10 となります。

〔**3**〕**消費電力**

　　CMOS と違って TTL は，スイッチングしていない場合でも電流が流れるた

め，定常的に電流を消費します。通常，規格表に示されている I_{CCH}, I_{CCL} は それぞれチップ内のすべてのゲートの出力が L の場合と H の場合に電源から 流れ込んでくる電流を示します。TTL の場合電源は 5 V で決まっているので， 電力はこの数値に 5 を掛ければいいわけです。7400，74AS00，74ALS00 の消 費電流を**表 3.2** に示します。AS，ALS では大きく改善されていることがわか ります。

表 3.2 消費電流（最大値 mA）

	7400	74AS00	74ALS00
I_{CCL}	22	17.4	3
I_{CCH}	8	3.2	0.85

表 3.2 を見るとわかりますが，I_{CCH} と I_{CCL} では，I_{CCL} のほうが大きい です。これは動作原理を考えると理解できると思います。出力が L レベルとい うことは出力トランジスタが ON になっており，それに接続されている複数の トランジスタも ON で電流が流れているためです。出力が H レベルのときは 逆に入力側のトランジスタが ON になりますが，こちらは消費電流は小さくて すみます。

3.4.2　動 特 性

表 3.3 に代表的な TTL の動特性を示します。CMOS 同様，伝搬遅延時間 t_{PHL}, t_{PLH} のみが示されています。**図 3.26** に各タイプの遅延時間の目安を 示します。F-TTL，AS-TTL に関しては AC シリーズに比べても，動作速度

表 3.3 代表的な TTL の動特性

	テスト条件	t_{PLH}(ns) typ	max	t_{PHL}(ns) typ	max
7400	$C_L = 15$ pF, $R_L = 400\,\Omega$	11	22	7	15
74 ALS 00 A	V_{CC}=4.5〜5.5 V, C_L=50 pF, R_L=500 Ω	4	11	3	8
74 AS 00	V_{CC}=4.5〜5.5 V, C_L=50 pF, R_L=500 Ω	1(min)	4.5	1(min)	4
74 F 00	$V_{DD} = 5$ V, $C_L = 50$ pF	3.7	5.0	3.2	4.3

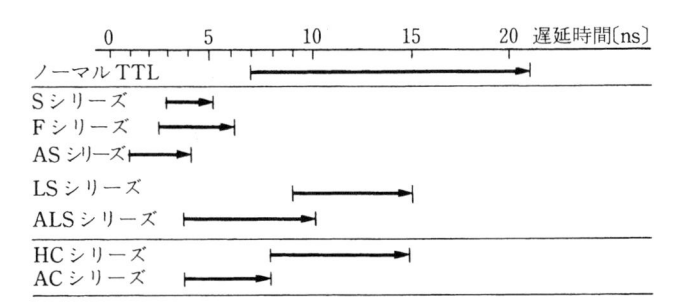

```
          0    5    10   15   20  遅延時間[ns]
ノーマルTTL     |―――――――――――|
Sシリーズ    |―|
Fシリーズ    |――|
ASシリーズ |―|
LSシリーズ        |―――|
ALSシリーズ    |―――|
HCシリーズ       |―――|
ACシリーズ    |―――|
```

図 **3.26**　各タイプの遅延時間の目安

の点で優位に立っていることがわかります。

3.5　BiCMOS

消費電力が小さく容量負荷が小さい場合は高速な CMOS の長所と，消費電力が大きいが，容量負荷等にかかわらず高速動作が可能な BJT の長所をあわせもった回路構成が BiCMOS です。**図 3.27** に BiCMOS のインバータの実現例を示します。

M_1，M_2 は CMOS のインバータを形成する部分ですが，BJT と FET では動作電圧が異なるので，M_3，M_4 を用いてレベルを合わせ，BJT の二つのト

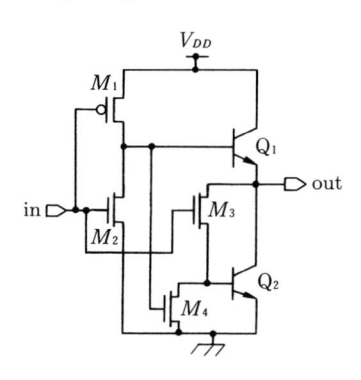

図 **3.27**　BiCMOS のインバータの実現例

ランジスタで強力な出力ドライブ能力を加えています。

　BiCMOS はその特徴を生かして高速メモリや，特殊目的用の ASIC で利用されています。74 シリーズにも以下のシリーズがありますが，通常の目的で用いた場合は AC シリーズに比べてあまり有利な点が生かせないので，バスのドライバ等に多く用いられます。

(1) 74BC シリーズ：BiCMOS で CMOS レベルの入出力インタフェースをもつ。動作速度は AC シリーズの CMOS と同程度。
(2) 74BCT シリーズ：同じく BiCMOS だが入出力のレベルが TTL に合わせてある。
(3) 74LVT シリーズ：3.3V 電源対応のドライバ／レシーバ
(4) 74ALVT シリーズ：2.5V 電源対応のドライバ／レシーバ

章　末　問　題

(1) 図 3.28 はダイオード OR ゲートとダイオード AND ゲートを接続した回路である。図に示す入力電圧が与えられたとき，出力 Y の電圧はどうなるか。

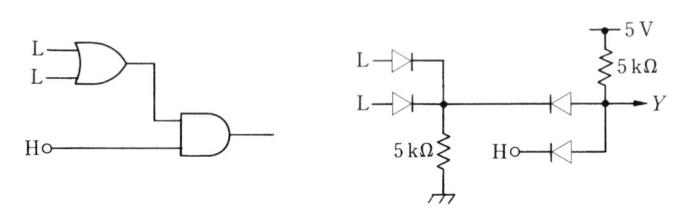

図 3.28

(2) 図 3.29 の回路についてスレッショルドレベルを計算せよ。
(3) CMOS 74AC00 の出力に 74AS00 を 5 個接続した。あと 74ALS00 をいくつ接続することができるか？

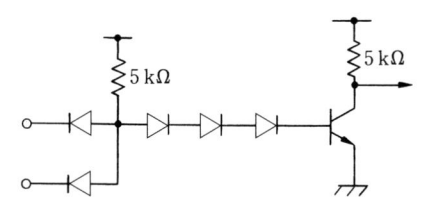

図 3.29

4 特殊な特性をもつ素子

4.1 オープンコレクタ/ドレーン出力

4.1.1 オープンコレクタ/ドレーンとは

いままでの回路では，1本の出力をたくさんの入力につなぐことはあっても，信号の流れる方向は，一方向に決まっていました．ところが，データの流れが複雑になると，1本の線に，さまざまな情報を載せて伝搬する必要が生じます．このような線路をバス（bus）と呼びます．バスを作るためには素子の出力どうしを接続する必要がありますが，前回まで解説してきたTTL，あるいはCMOSは，出力どうしを接続すると図 **4.1** に示すように出力の値が食い違う場合に過大電流が流れてしまいます．

そこで，図 **4.2** に示すように出力トランジスタのコレクタあるいはドレーン

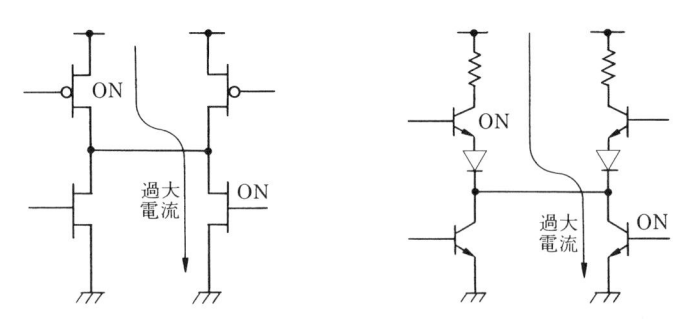

図 **4.1** 出力の衝突

4.1 オープンコレクタ/ドレーン出力　　**91**

オープンドレーン形

オープンコレクタ形

どれか一つの出力でもLになるとそこに電流が流れ，出力はLになる

バスラインCの信号

信号

A　　B　　C

バスラインBの信号

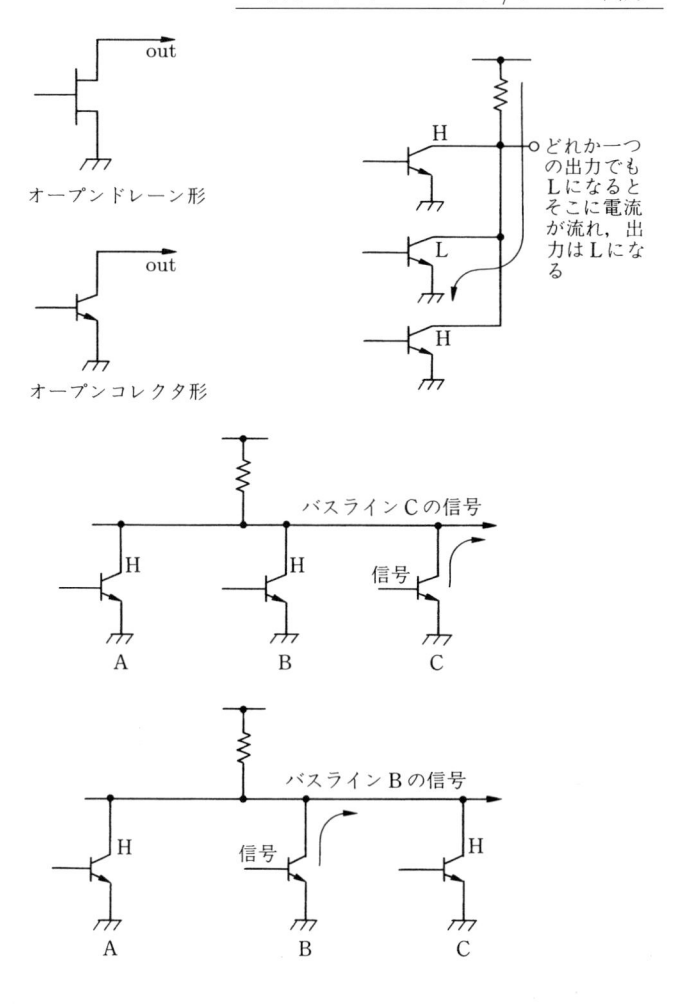

信号

A　　B　　C

図 4.2 オープンコレクタ/ドレーン出力によるバス

を開放しておき，ほかの出力と共通な抵抗でプルアップしてやります。このような出力形式をオープンコレクタ（ドレーン）といいます（ちなみにTTLについては通常の出力形式のことをトーテムポール形といいます）。この場合すべてのトランジスタがOFFのときは線全体がHになり，どれか一つでもONになると電流が流れ，全体がLになります。このため，図中に示すように情報を出力する1人以外は全員出力トランジスタをOFF（つまりは出力をH）に

してやれば，バスラインを構成できます。最近は低電圧レベルで，低インピーダンスのバスを作る技術が発達し，バックプレーン等に用いられます。

また，HとLの出力が重なると，結果としてラインがLになるため，この回路は，全体として大きなANDゲートを構成します。このため，ANDタイまたはワイヤードOR（出力Lをアクティブとして考える）と呼びます。

さて，CMOS（オープンドレーン）の場合，負荷となるゲートも通常，CMOSが想定され，この場合は，負荷に対する入力電流は無視できます。したがって，負荷抵抗の値は，CMOSの出力電流 I_{OL}, I_{OH} （ACMOSの場合 24 mA）を超えない範囲で，バスのインピーダンス等を考慮して決めてやります。

一方，TTL（オープンコレクタ）の場合，負荷となるゲートから電流が流れ込み，さらに，出力トランジスタに流れ込む漏れ電流も考えなければなりませんが，基本的にはやはりバスの規格に基づいて決めます。

4.2 3ステート出力

バスを構成するもう一つの方法は，3ステート出力を用いることです。このゲートは図 **4.3** に示すような制御端子（この場合アクティブ-L）をもちます。そして，この端子がLのときは通常の出力とまったく同じ動作をしますが，Hのときは上下両方のFET（トランジスタ）がともにOFFになります。このとき，ゲートの出力は電気的に切り離された「浮いた」状態となります。この状態のことを**ハイインピーダンス状態**といい，H，Lと合わせて三つの状態をもつことから**3ステート**または**トライステート出力**と呼ばれます。このため，図 *4.3* 中に示すようにどれか一つの制御入力をアクティブにすることでバスを構成することができます。

例題 4.1 図 **4.4** に示す回路を解析せよ。

【解答】 図 *4.5* に示すように，EI が H レベルだと両方の出力トランジスタが

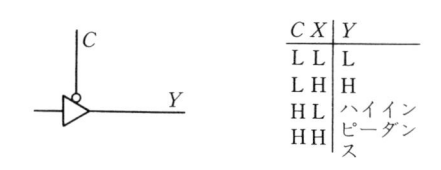

4.2 3ステート出力

C	X	Y
L	L	L
L	H	H
H	L	ハイインピーダンス
H	H	ハイインピーダンス

(a) 3ステート出力

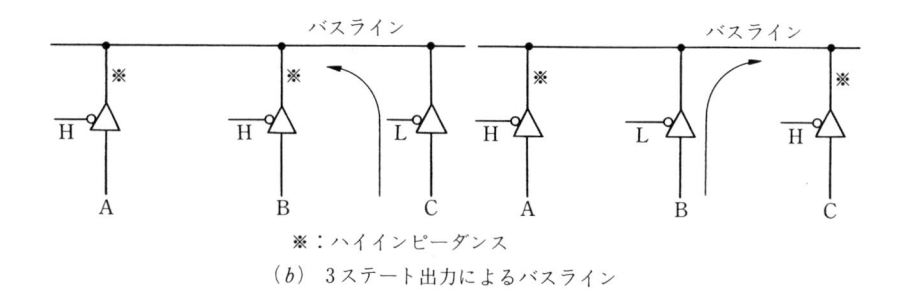

※：ハイインピーダンス
(b) 3ステート出力によるバスライン

図 4.3 3ステートゲート

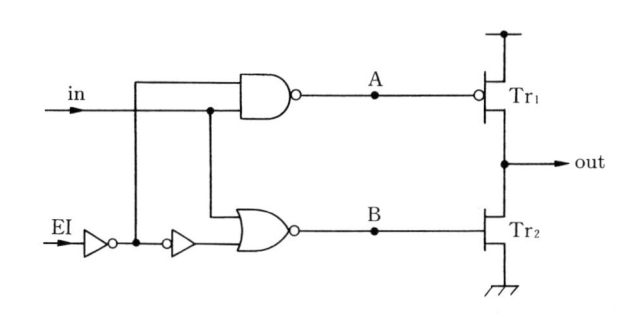

図 4.4 例題図

ともに OFF になる．すなわち，この回路は CMOS の 3 ステートゲートである．

◇

3 ステート出力はオープンコレクタよりも消費電力が小さく，外部抵抗も不要です．また，ハイインピーダンス以外では普通の出力と同じ動作をするため，遅延も小さいのです．このため，バックプレーンでバスを作る場合以外は，ほ

EI	in	A	B	T_{r1}	T_{r2}	out
L	L	H	H	OFF	ON	L
L	H	L	L	ON	OFF	H
H	L	H	L	OFF	OFF	Hi-Z
H	H	H	L	OFF	OFF	Hi-Z

Hi-Z:ハイインピーダンス

図 **4.5** CMOS 3 ステートゲート

とんどこちらの方法が使われます．後に紹介するメモリ素子などはバスに接続されることが多いため，出力は 3 ステート方式になっているのが標準的です．ただし，同時に二つの出力をアクティブにすると，オープンコレクタの場合は結果が AND されるだけですが，3 ステート出力の場合はトーテムポール形の出力を接続したのと同様に，過大電流が流れ，発熱，ノイズ，誤動作の原因になります．

4.3 シュミットトリガ入力

ディジタル素子の扱う入力は，通常，高速で変化の急峻な波形です．このため，非常に緩やかに変化する入力に対しては，意外な弱点をもっています．伝送線を引き延ばしたり，外部から信号を入力する場合，あちらこちらに CR 負荷があるため，波形の変化は緩やかになり，しかもところどころにノイズが載っている場合があります．このような入力が入った場合，普通のディジタル入力では，スレッショルドレベル周辺のノイズをすべて認識し，図 **4.6** に示すように，しっかり整形して出力してしまいます．CMOS の場合，ゆっくりとした入力を与えると，寄生振動を起こす可能性があります．このため，表 *2.1* に示すように推奨動作条件に波形の立上り時間の最大値が記されています．

さて，このようにゆっくりとして，ノイズを含んだ波形の整形を行う目的で利用されるのが，シュミットトリガ入力をもつゲートです．シュミットトリガ入力では，図 **4.7** のように，L→H の変化時と H→L の変化時で異なったス

4.3 シュミットトリガ入力

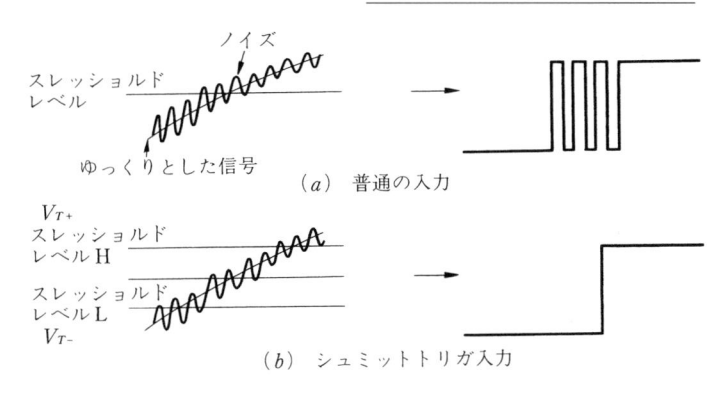

図 4.6 ノイズを含んだゆっくりとした入力の波形整形

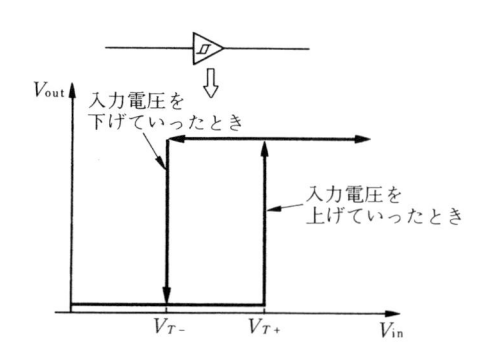

図 4.7 シュミットトリガ入力をもつゲートの入出力特性

レッショルドレベルをもつようにすることで，ノイズマージンを大きくしています．シュミットトリガ入力をもつゲートは，図 4.7 中に示す記号（ヒステリシス特性の図）で表します．

さて，図 4.6 の信号に対して，シュミットトリガ入力を用いれば，入力が L → H の方向に変化する場合は，V_{T+} を超えるまで出力は切り替わらず，一度切り替わったら今度は V_{T-} まで下がらない限り再び切り替わることはありません．つまり，ノイズの範囲が V_{T+} から V_{T-} までに収まれば，除去することができます．図 4.8 にシュミットトリガ入力をもつ古典的なゲートである 7414 のピン配置とスレッショルドレベルを示します．スレッショルドレベルの間隔

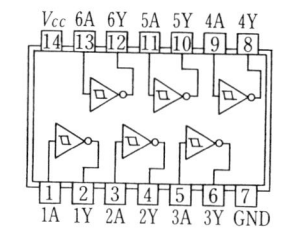

7414のスレッショルドレベル

	min	typ	max
V_{T+}	1.5	1.7	2
V_{T-}	0.6	0.9	1.1

図 4.8 7414 のピン配置とスレッショルドレベル

は標準で 0.8 V 程度あり，かなりのノイズ除去能力をもっていることがわかります．

　シュミットトリガ特性は出力からのフィードバックによって実現することができます．図 4.9 に示すように，出力を抵抗 R_1, R_2 で分圧してフィードバックします．いま，出力が 0 V の状態から L→H に変化する場合を考えます．

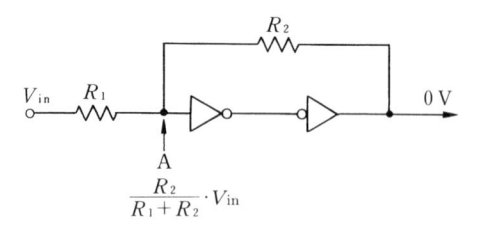

図 4.9 V_{T+} の計算

L→H のスレッショルドレベル V_{T+}　　出力電圧は 0V なので，点 A の電圧 V_A は入力電圧 V_{in} を抵抗で分圧したものに相当します．

$$V_A = \frac{R_2}{R_1 + R_2} \cdot V_{in}$$

　CMOS のスレッショルドレベルはほとんど電源電圧 V_{DD} の半分と考えていいので，点 A がスレッショルドレベルを超すためには

$$V_A = \frac{R_2}{R_1 + R_2} \cdot V_{in} > \frac{V_{DD}}{2}$$

でなければなりません．このために，V_{in} が達する必要がある電圧 V_{T+}（つまり

は入力から見たスレッショルドレベル）は

$$V_{T+} = \frac{R_1 + R_2}{R_2} \cdot \frac{V_{DD}}{2}$$

で求めることができます。

H→L のスレッショルドレベル V_{T-}　　図 **4.10** に示すように，出力電圧は V_{DD} なので，今度は点 A の電圧 V_A は，V_{DD} と入力電圧 V_{in} を抵抗で分圧したものになります。

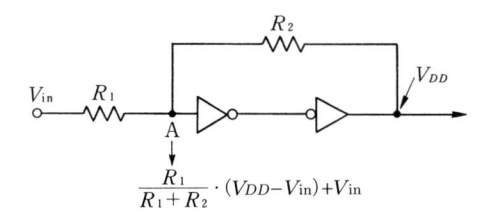

図 4.10　V_{T-} の計算

$$V_A = \frac{R_1}{R_1 + R_2} \cdot (V_{DD} - V_{in}) + V_{in}$$

同様に，点 A の電圧 V_A がスレッショルドレベルを超えるためには

$$V_A = \frac{R_1}{R_1 + R_2} \cdot (V_{DD} - V_{in}) + V_{in} < \frac{V_{DD}}{2}$$

このために，V_{in} が達する必要がある電圧 V_{T-}（つまりは入力から見たスレッショルドレベル）は

$$V_{T-} = \frac{R_2 - R_1}{R_2} \cdot \frac{V_{DD}}{2}$$

でなければなりません。

ちなみにこの値は

$$V_{T-} = V_{DD} - V_{T+}$$

に相当します。

3 ステート出力はバスの出力に適し，シュミットトリガはノイズ除去と波形整形能力をもつので，この両者を組み合わせて，バスドライバ/レシーバとす

98   4. 特殊な特性をもつ素子

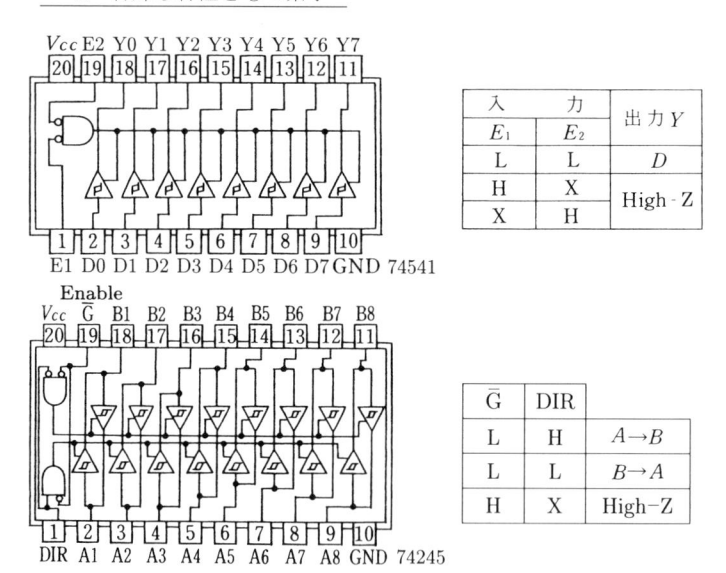

入力		出力 Y
E_1	E_2	
L	L	D
H	X	High-Z
X	H	

74541

$\bar{G}$	DIR	
L	H	A→B
L	L	B→A
H	X	High-Z

74245

図 **4.11**　代表的なバスドライバ/レシーバ用 IC

ることが多いのです。図 **4.11** に代表的なバスドライバ/レシーバ用 IC を示します。双方向の場合，DIR 端子により方向を切り替えます。

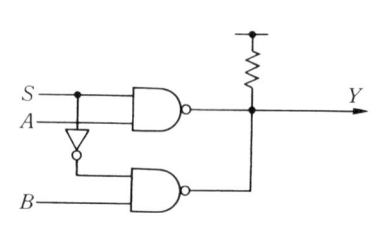

章　末　問　題

(1) 図 **4.12** の回路の動作を解析せよ。ただし NAND ゲートはオープンドレーン出力である。

図 **4.12**

(2) 図 *4.13* の回路の動作を解析し，表を埋めよ．

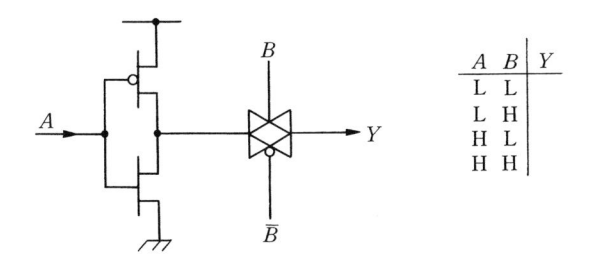

A	B	Y
L	L	
L	H	
H	L	
H	H	

図 4.13

(3) 図 *4.14* の回路のスレッショルドレベル V_{T+}，V_{T-} を求めよ．

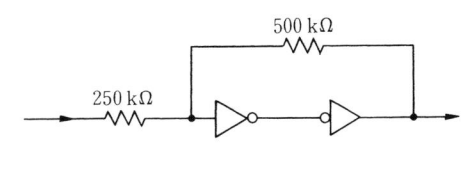

図 4.14

5 記憶素子その1：フリップフロップ

いままでの章で特殊な特性をもつ素子を含めて普通の基本的なゲートの中身の話を紹介してきましたが，ここから先の2章では記憶素子を紹介します。この章では1 bitの記憶素子であるフリップフロップから紹介します。フリップフロップは，クロックの立上り，立下りに同期して動作するものと，そうでないものがあります。

厳密にいうと，フリップフロップという言葉は前者のみに対して使い，後者のタイプはラッチと呼びます。まず，構造が簡単なラッチの動作を見ていくことで，ディジタル回路での記憶の原理を理解しましょう。

5.1 ラッチと記憶素子の基本回路

5.1.1 $\overline{\mathrm{SR}}$ ラッチ

記憶をするための最も簡単な回路は，図 **5.1** に示すようなループで接続された二つの NOT ゲートで実現できます。Q と $\bar{Q}$ はたがいに反転の関係で，し

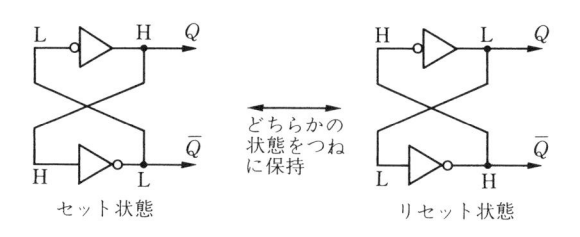

図 **5.1** 最も簡単な記憶回路

5.1 ラッチと記憶素子の基本回路

かもこの回路には入力がありません。このため，回路は，$Q = \mathrm{H}$, $\bar{Q} = \mathrm{L}$ または，$Q = \mathrm{L}$, $\bar{Q} = \mathrm{H}$ のどちらかの状態になります。ここで，$Q = \mathrm{H}$ の状態をセット，$Q = \mathrm{L}$ のほうをリセットと呼ぶことにします。

この回路はなにかの拍子に一度セットになったら（入力がないので当たり前ですが）ずっとセットになりっぱなしです。そして，例えば手で GND にショートさせるなどの方法で，強引に Q を一瞬 0 V に落とすと，リセット状態に変化し，やはりこの状態をずっと保持します。あまりピンとこないかもしれませんが，どちらかの状態をつねに保つことができている，つまり記憶をしていることになります。

とはいうものの，強引に 0 V に落としたりするのは乱暴なので，外部から強制的にセット状態やリセット状態に設定するための入力をつけてやると図 5.2 のようになります。これを $\overline{\mathrm{SR}}$ ラッチと呼びます（この名前はいいにくいので RS ラッチと呼ぶ場合が多いのです）。

図 5.2 中のゲートは NAND ゲートですから，片方の入力を H にすると NOT ゲートと等しくなります。すなわち，$\bar{S}$ と $\bar{R}$ が両方ともに H レベルのときは図 5.2 は NOT ゲートをリング状につないだ図 5.1 とまったく同じになります。すなわちこの構造で，$\bar{S}$ と $\bar{R}$ を両方ともに H にすれば，図 5.1 同様，

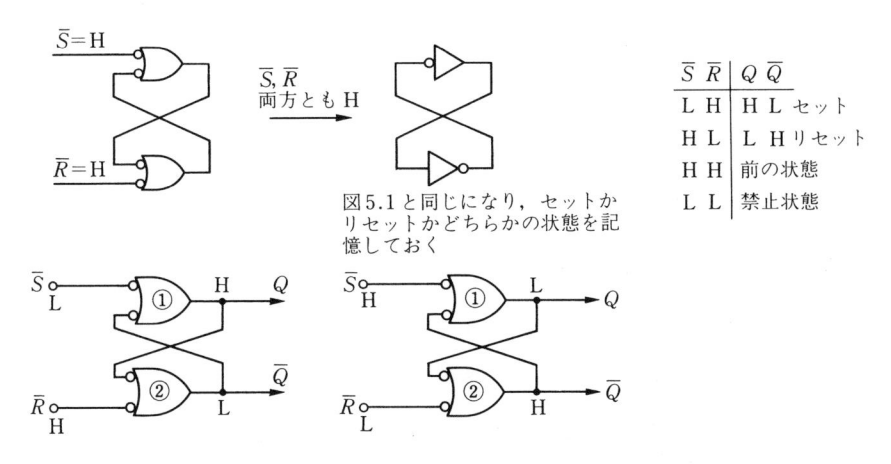

$\bar{S}$ $\bar{R}$	Q $\bar{Q}$
L H	H L セット
H L	L H リセット
H H	前の状態
L L	禁止状態

図 5.1 と同じになり，セットかリセットかどちらかの状態を記憶しておく

図 5.2 $\overline{\mathrm{SR}}$ ラッチ

102   5. 記憶素子その1：フリップフロップ

セットかリセットかどちらかの状態を記憶しておくことができます。

さて、$\bar{S} = $ L にすると、NAND ゲートはどちらかの入力が L のとき出力が H になるので、強制的に $Q = $ H となり、セット状態になります。同様に $\bar{R} = $ L のときは、$\bar{Q} = $ H となり、状態はリセットになります。つまり、$\bar{S}$ は状態をセットする端子、$\bar{R}$ はリセットする端子でともにアクティブ L ということになります。したがって、図 5.3 に示す $\overline{SR}$ ラッチの動作のように、一度セットされれば、$\bar{S}$ をなん度 L にしてもセットのままで、$\bar{R}$ を L にしてリセットされてしまえば、$\bar{R}$ をなん度 L にしても状態に変わりはありません。

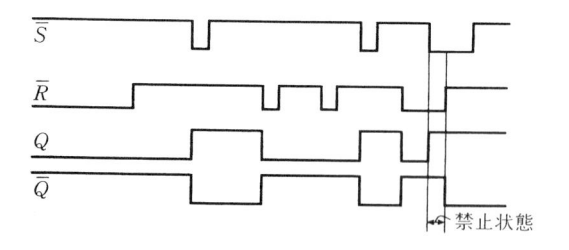

図 5.3　$\overline{SR}$ ラッチの動作

さて、問題なのは両方の端子をともに L にした場合です。NAND ゲートは片方の入力が L のときは出力は H になるので、この場合は $Q = \bar{Q} = $ H になってしまいます。

このような状態はもともとの NOT ゲートのループではけっしてあり得ない状態で、外部から状態を切り替える端子をつけたばっかりにできてしまったわけです。このことからこの状態を、**禁止状態**と呼んでいます。禁止とはいえ、じつは後にでてくる D フリップフロップの内部では利用しており、使ってはいけないわけではありません。

$\overline{SR}$ ラッチはほかのフリップフロップ、メモリの構成要素として重要ですが、単独で使う用途はあまりなく、強いて捜すと図 5.4 に示すスイッチのチャタリング防止回路です。

スイッチは、機械的な接点を使って ON-OFF をするため、切り替えた瞬間に反対側の接点とぶつかってバウンドします。この現象をチャタリングといい

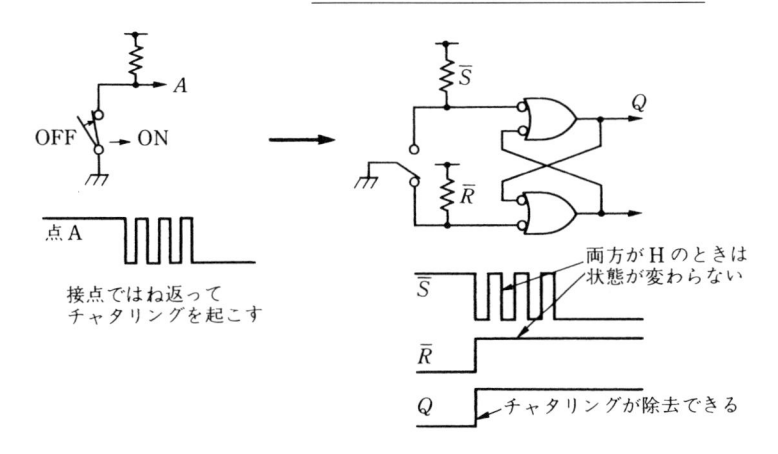

図 5.4 チャタリング防止回路

ます。チャタリングは短時間に静まりますが，ディジタル回路は高速に動作しますので，1回 ON-OFF を切り替えるつもりが，多くのパルスを発生してしまう場合があります。このとき図 5.4 に示すように $\overline{S}\overline{R}$ ラッチを入れてやります。

最初にスイッチが接点に接触した瞬間に入力は L になるので状態が切り替わり，チャタリングによってスイッチが宙に浮いている状態では，両方の入力は H になっているため，切り替わった状態を保持します。このため，チャタリングを完全に除去することができます[†]。

5.1.2 D ラッチ

$\overline{S}\overline{R}$ ラッチは状態によって 1/0 の情報の記憶は可能ですが，1にする（セットする）のに入力 $\overline{S}$ を用い，0にする（リセットする）のに $\overline{R}$ 入力を用いる必要があり，データの記憶を行う基本素子としてはやや不便です。この点で入力 D の値を，制御入力 G に信号を与えた（H レベルにした）ときに記憶し，Q から出力する形式のほうが便利です。このような機能をもつフリップフロッ

[†] はね返ったスイッチが切り替わる前の接点とぶつかるくらい激しくバウンドした場合は，もちろんチャタリングを除去できないが，いくらなんでもそんなにひどいスイッチは（普通）ない。

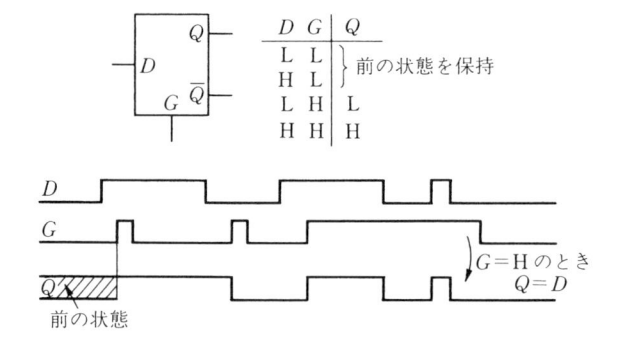

104　5. 記憶素子その1：フリップフロップ

図 5.5 D ラッチの記号と動作例

プを D ラッチと呼びます。D ラッチの記号と動作例を図 **5.5** に示します。

図 5.5 を見るとわかるように，D ラッチは $G = \mathrm{H}$ のときは，入力 D が出力 Q に筒抜けになります。そして $G = \mathrm{L}$ にした瞬間に，$G = \mathrm{H}$ であったときの最後の Q を保持するわけです。

さて，この D ラッチは $\overline{\mathrm{S}}\overline{\mathrm{R}}$ ラッチを利用することにより，図 **5.6** のように簡単に構成することができます。いま，$G = \mathrm{H}$ のときは，NAND ゲート A と NAND ゲート B は入力の一つが H レベルになったわけなので，これは NOT ゲートと同様の働きをします。このとき，$D = \mathrm{H}$ ならセット，$D = \mathrm{L}$ ならリ

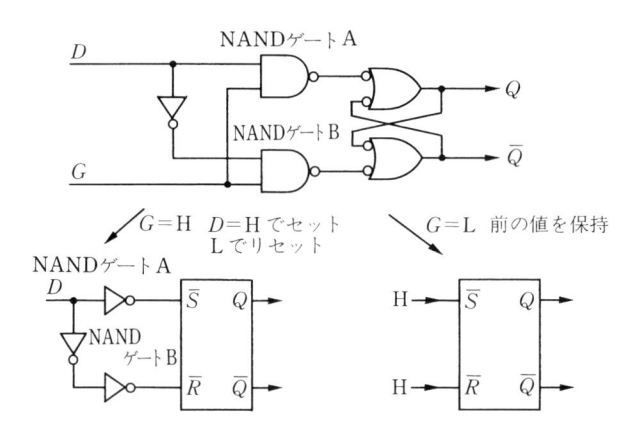

図 5.6 D ラッチの内部構造

セットになるので，D の値は Q にそのまま筒抜けとなります。一方，$G = $ L のときは，NAND ゲート A と NAND ゲート B の出力はつねに H，$\overline{SR}$ ラッチの入力は両方とも H になります。つまり $G = $ L になる前の Q の値を覚えておくわけです。

CMOS の場合，トランスミッションゲートを使うと D ラッチはさらに簡単に実現できます。

例題 5.1 図 5.7 に示す回路の動作を解析せよ。

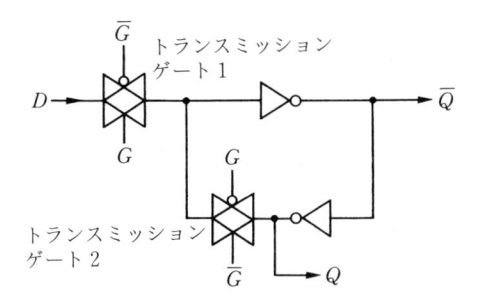

図 5.7 CMOS の D ラッチ

【解答】　$G = $ H のときは図 5.8 に示すように，トランスミッションゲート 1 が開き，2 が閉じるので入力 D は，そのまま反転されて $\overline{Q}$ に出力される。$G = $ L では，ゲート 2 が開き 1 が閉じるので，NOT ゲートはループを作りデータを保持する。このことで D ラッチを実現することができる。　　◇

$G=$Hのとき　　　　　$G=$Lのとき

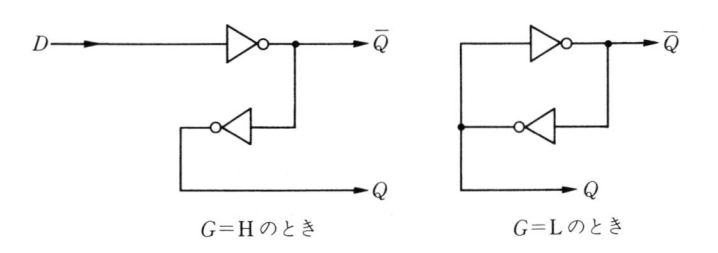

図 5.8 例題の解答

Dラッチは入力 G を共通にして一定数を並べることにより，レジスタとして使うことができます。図 **5.9** は 74 シリーズの代表的な D ラッチです。後で出てくる D-フリップフロップと違って D ラッチはクロックに同期した動作ができないのですが，$G = $ H にすることで普段は D の値をそのまま Q に流しておいて，一定の条件のときにだけ D の値を記憶しておくことができ，場合によっては便利です。

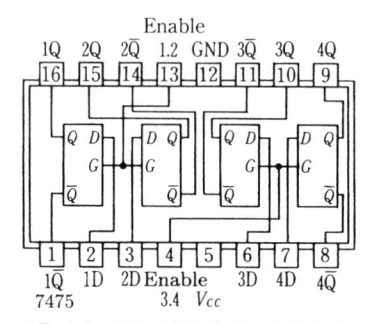

○ Enable が H の期間中データ筒抜け
○ Enable が L の期間中データホールド

図 5.9 74 シリーズの代表的な D ラッチ

5.2 同期動作をするフリップフロップ

5.2.1 同期動作の必要性

Dラッチはレジスタのように単に情報を保存する役割は十分果たしますが，クロックの立上り，立下りに同期して動くことができません。これができないと，現在の順序回路設計の主流である同期式順序回路の構成要素として用いることができません。同期式順序回路設計法の説明は 1 章の復習の節にありますので，忘れてしまった方はそちらを読んでください。順序回路は，現在の状態と入力からつぎの状態と出力が決定されます。このために，順序回路は**図**

5.2 同期動作をするフリップフロップ

5.10 に示すように，現在の状態を記憶しておく記憶素子と，つぎの状態と出力を決定するための組合せ回路から構成されます．決定されたつぎの状態は記憶素子にフィードバックされます．オートマトンの理論と関連しますが，この形はいわば万能の機械として単純なカウンタから計算機まで，すべてのディジタル回路を表現するモデルとして使うことができます．

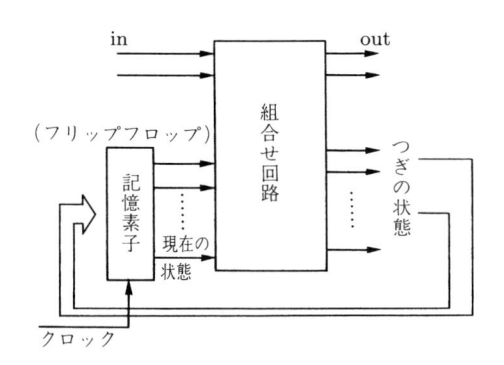

図 5.10 同期式順序回路

さて，ここで問題なのは，「現在」と「つぎ」をどうやって区別するのか？ということです．図 5.10 を見てもわかるように，決定されたつぎの状態は記憶素子にフィードバックされます．このため例えばこの記憶素子に D ラッチを使うと，いざ「つぎ」の状態を記憶しようとして G を H レベルにすると，組合せ回路によって決定した「つぎ」の「つぎ」の状態がすぐまた出力 Q に現われてどんどん状態変化が先に進んでしまいます．

このことを防ぐためにはクロックを導入して，例えばクロックの立ち上がるごとに「現在」と「つぎ」の状態が切り替わるようにしなければいけません．これを実現するためには，どうしても，クロックの立上り，あるいは立下りに同期して状態が変化するフリップフロップが必要になります．まず，このフリップフロップについて順に名前と機能を紹介してから，内部構造の話に移ります．

5.2.2　D-フリップフロップ

最も簡単なフリップフロップは，図 **5.11** に示す D-フリップフロップ（D-FF）です。MIL 記号法ではクロックの立上り，立下り等に同期して動作する（エッジ動作）のフリップフロップ（FF）のクロックに三角の印をつけてラッチと区別しています。立上りで動作するものはただの三角印で，立下り動作のものは三角印に○がつきます。

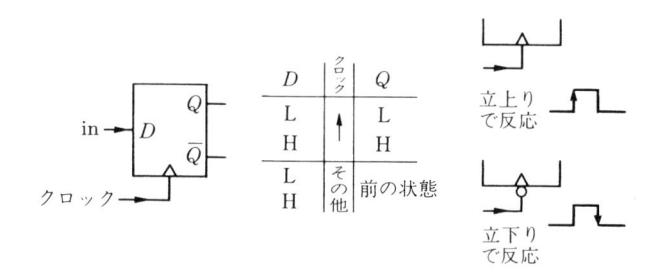

図 **5.11**　D-FF の記号と動作

D-FF は，入力 D の値を記憶して Q に出力する点で D ラッチと同じなのですが，クロックの立上りに同期して記憶を行う点が特徴です。図 **5.12** に D-FF の動作を示します。D ラッチが $G = $ H のとき $Q = D$ になるのに比べて，D-FF はクロックが立ち上がった瞬間の値を記憶するので，クロックの立上りさえなければ入力 D がいくら変化しても Q には影響を及ぼしません。

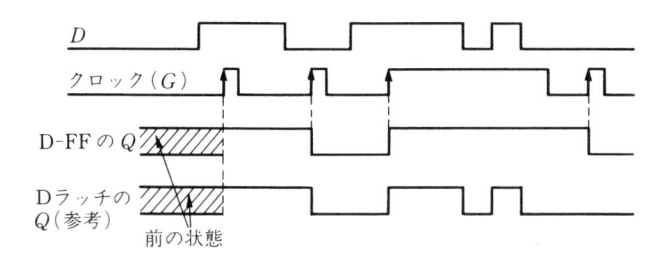

図 **5.12**　D-FF の動作

D-FF は最も簡単な FF で，D ラッチ同様，クロックを共通にしてレジスタとして用いることができます．しかしそれだけではなく，最も自然に同期式順序回路を作ることができるので，最近はほかの FF を圧倒して多く使われるようになりました．後に紹介する PLD や FPGA の内部の FF はほとんどこの D-FF が使われます．代表的な 74 シリーズの D-FF を図 **5.13** に示します．

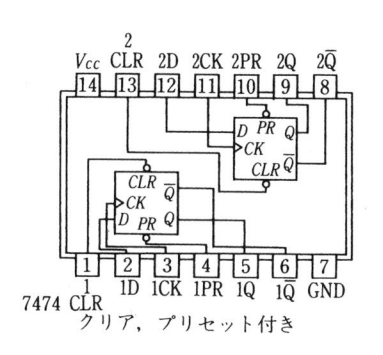

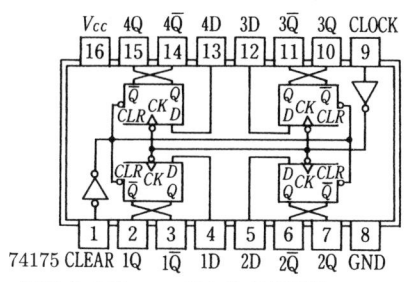

7474 CLR
クリア，プリセット付き

74175 CLEAR
- 7474 タイプ　エッジトリガ (POS)
- コモンクロック，コモンクリア

図 **5.13** 74 シリーズの D-FF

これらを見ると，多くの D-FF が CLR 端子をもち，7474 はこれに加えて PR 端子をもっていることがわかります．この CLR 端子は $\overline{SR}$ ラッチの $\overline{R}$ 端子に，PR 端子は $\overline{S}$ 端子に相当し，それぞれクロックに同期しないで FF をリ

セットおよびセットします。7474 の動作を図 **5.14** に示します。

D-FF はクロックを立ち上げない限り Q は変化しません。ところが普通クロックは一つのシステムに一つか二つで，一定周期の方形波が入っていて融通がききません。このため，例外的な条件で（例えばリセットスイッチを押したり，電源をはじめて投入したりするときに）FF を強制的にリセット（またはセット）できる機能があると便利です。このため，7474 のほかにも 174，175，273 は CLR 端子をもち，この代わりに 74374 は 74373 と同様に出力が 3 ステートになっています。

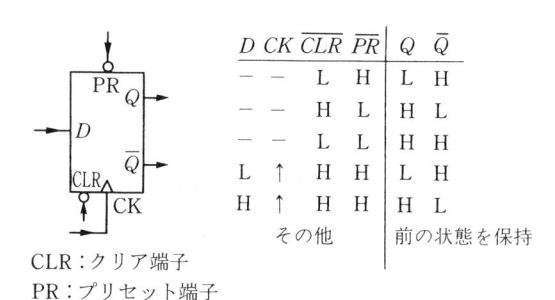

D	CK	$\overline{CLR}$	$\overline{PR}$	Q	$\overline{Q}$
−	−	L	H	L	H
−	−	H	L	H	L
−	−	L	L	H	H
L	↑	H	H	L	H
H	↑	H	H	H	L
その他				前の状態を保持	

CLR：クリア端子
PR：プリセット端子

図 5.14 7474 の動作

5.2.3　JK-FF

JK-FF は（特にマスタスレーブ形は），それ自体の構造が簡単なうえ，同期式順序回路を作る場合付加する組合せ回路も D-FF より簡単な場合が多いため，かつて FF の中で最もよく用いられました。しかし，入力が二つあって設計規則が面倒なため，最近は簡単な D-FF に主流の座を追われた感があります。しかし，カウンタなどを作る場合は，D-FF よりも便利な場合が多いのです。

図 **5.15** に示すように，JK-FF は，入力 J は FF をセットし，入力 K はリセットする働きがあり，$\overline{SR}$ ラッチと少し似ていますが，こちらは FF ですから状態が変化するのはクロックの立上り，あるいは立下りに必ず同期している

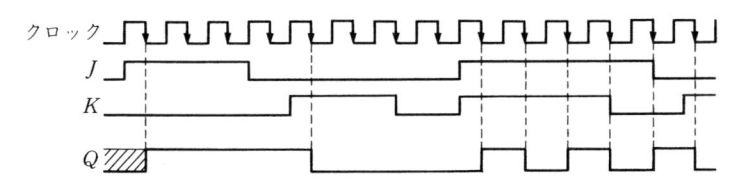

5.2 同期動作をするフリップフロップ

図 5.15 JK-FF の記号と動作

点に注目してください。74 シリーズの JK-FF は立下りで動作するものが多いので，ここでは，立下りで動作する JK-FF を例として取り上げています。図中のタイミングチャートに示すとおり，JK-FF はクロックが立ち下がる直前の入力 J, K によってつぎの出力が決定されます。つまり，クロックが立ち下がる直前に $J = $ H, $K = $ L ならば立下り後にセットされ，$J = $ L, $K = $ H ならば立下り後にリセットされます。注目したいのは，J, K がともに H の場合です。この場合は，立下り前の状態の反転，つまりセットだったらリセットに，リセットだったらセットになります。これを**トグル動作**といいます。

この動作のおかげで，カウンタの構成がたいへん楽になります。**図 5.16** に同期式 8 進カウンタを示します。2 進数のカウントアップは「自分より下のけたがすべて 1 のとき，けた上げが起きるので自分のけたが反転する」というルールで行われます。これを実現するためには，(1) 一番下のけたは $J = K = $

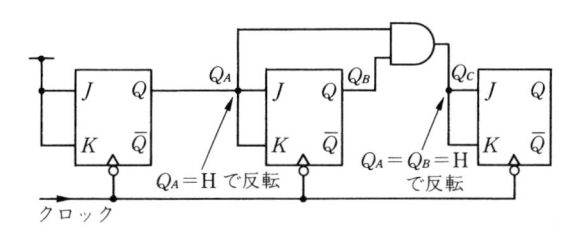

図 5.16 同期式 8 進カウンタ

Hにしておき，クロックが立下りのたびに反転させる．(2) それ以外のけたは，自分のけたより下のけたがすべて1のときだけ J と K をともにHにして，そうでないときはLにするという方式が考えられます．これを直接実現したのが図 5.16 です．

74 シリーズの中の JK-FF の例を図 5.17 に示します．CLR 端子，PR 端子の使い方は 7474 と同様です．

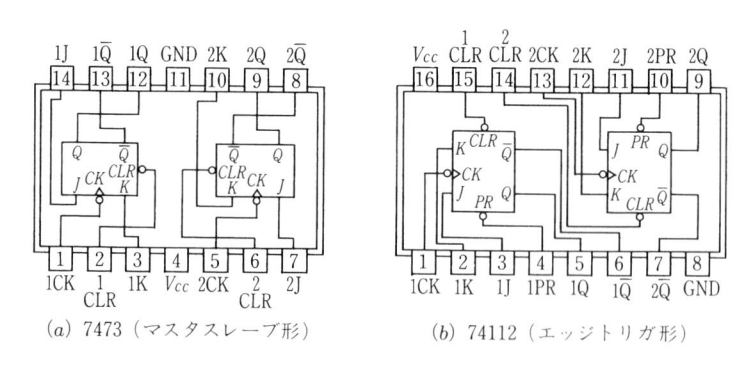

(a) 7473（マスタスレーブ形） (b) 74112（エッジトリガ形）

図 5.17　74 シリーズの JK-FF の例

5.2.4　その他の FF と相互変換

ほかにも名前を知っていたほうがいいものがありますので，簡単に紹介しておきます．

〔1〕 T-FF

図 5.18 に示すように，入力 T が H のときはトグル動作，そうでないときは現在の状態を保持します．つまりは，JK-FF の J と K をくっつけて T という名前をつけただけです．このため，74 シリーズでは，T-FF という名前の IC は売られていません．しかし，図 5.16 などを見ると，カウンタを作るには実際 JK-FF の J と K を分けて使うことは少ないため，特にこの名前がついています．

〔2〕 Enable 付き FF

PLD，FPGA あるいは LSI の内部では，FF のクロックにすべて単一また

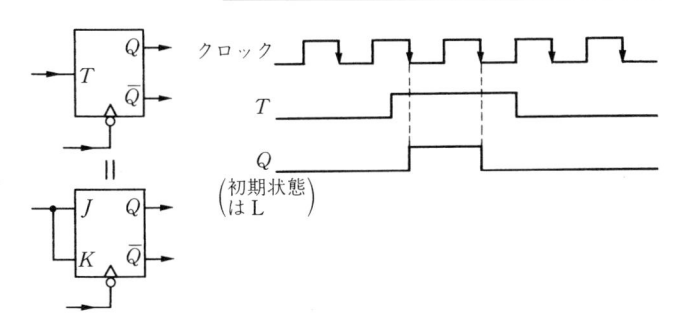

図 5.18 T-FF

は何相かのクロックをつなぐ完全同期設計を行うことが多くなっています。このような場合，すべての FF には同じクロックが入らなければなりません。ところが，例えば D-FF を複数並べてレジスタを作るときは，そのレジスタにシステムのクロックをつなぐと，システムクロックが立ち上がるたびに入力 D から値がセットされることになり，ある特定のタイミングでレジスタに値をセットしたいときに不便です。

このような場合，その FF に値をセットするタイミングを与えるため，**図 5.19** に示すようにマルチプレクサ，つまり入力の片方を選択して出力する回路をつけた FF が基本として使われます。この場合 Enable = H にすると，入力 ED が選ばれて FF に送られるので，D-FF として動作し，それ以外ではつねに Q の値が D に戻りますので，入力 ED がいくら変わってクロックが変化しても状態は変わりません。つまり，完全同期式回路のレジスタは，Enable

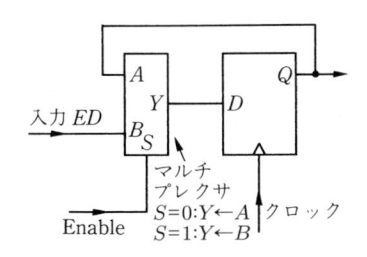

図 5.19 ED-FF

つき D-FF を使っておいてクロックにはシステムクロックを入れ，レジスタに値をセットしたいときは，セットしたいタイミングで（もちろんクロックに同期して）Enable 入力を H にすればいいわけです。

いままで紹介してきた FF はたがいに変換可能です。

例題 5.2 JK-FF を用いて D-FF を作れ。

【解答】 図 5.20 に示すとおり。 ◇

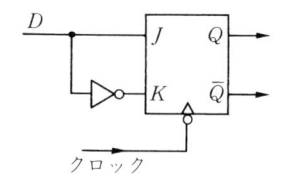

図 5.20 JK-FF から D-FF への変換

ほかの変換は演習問題に譲ります。

5.3 FF の動特性

FF は原理のとおり基本的にはゲートの集合体です。このため，入出力特性，ファンアウト等静特性はいままで 2, 3 章で紹介した話がそのまま通用します。ただし，動特性は記憶素子特有の問題が生じます。

5.3.1 セットアップタイム，ホールドタイム

順序回路において特有の問題点は，記憶を確実に行うための条件です。いま D-FF を例にとります。D-FF はデータの立上りでデータを記憶します。このため，クロックの立上りの瞬間データが変化すると確実にデータの記憶が行えなくなってしまいます。これは後に説明するマスタスレーブ形，エッジトリガ形の双方で問題になることです。ちょうど写真機に例えると，シャッターを押

した瞬間に被写体が動くと，ぶれてしまうことに相当します。このため，FF
には以下の二つの条件が定められています。

(1) セットアップタイム t_{su}：図 5.21 に示すようにクロックの立ち上（下）がる前にデータが安定でなければならない時間。

(2) ホールドタイム t_h：図 5.21 に示すようにクロックの立ち上（下）がった後，データが安定でなければならない時間。

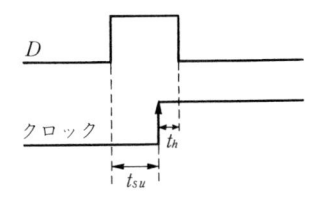

図 5.21 セットアップとホールドタイム

また，もちろん伝搬遅延時間も重要です。FF はクロックの立上り（立下り）で状態が変化するので，通常，FF の伝搬遅延時間といったら，クロックの立上り（立下り）が出力の影響を及ぼすまでの時間です。しかし，CLR 入力や PR 入力が存在する場合，その入力がアクティブ（普通は L レベル）に変化してから出力が変化するまでの遅延時間も表示します。

表 5.1 代表的な D-FF，各種 7474 の動特性

項目	大小	入力	IN	出力	LS	ALS	F	AS	AC	ACT	HC	HCT	単位
$f_{\max}$	min	CLK			25	34	100	105	100	125	24	22	MHz
t_{pd}	min	CLK	H		25	14.5	4	4	5				ns
t_w	min	CLK	L			14.5	5	5.5	5	6	20	23	ns
t_w	min	PR,CLR	L		25	15	4	4	5	6	20	20	ns
t_{su}	min	D			25↑	15↑	3↑	4.5	3	3.5	15	15	ns
t_h	max	D			5↑	0↑	1↑	0	0	1	3	3	ns
t_{pd}	max	CLK		$Q,\overline{Q}$	40	18	9.2	9	10.5	11.5	44	44	ns
t_{pd}	max	PR,CLR		$Q,\overline{Q}$	40	15	10.5	10.5	13.5	11.5	50	44	ns
I_{cc}	max				8	4	16	16	0.04	0.04	0.04	0.04	mA

代表的な D-FF，各種 7474 の動特性をまとめて**表 5.1** に示します[6]．

表中のパルス幅 t_w は，FF が反応するパルスの最小値で，最大動作周波数 $f_{\max}$ は，そのFF のクロックとして用いることのできる周波数の最大値です．最大動作周波数を表 5.1 から読むとかなり高い周波数で動作しそうですが，実際は最大動作周波数よりも遅延やセットアップタイムで回路の動作する周波数が決まります．

例題 5.3　図 5.22 は，D-FF を用いた遅延回路（シフトレジスタ）である．クロックの立上りに同期して，前段の FF の値が後段に移動する．この回路が正しく動作する条件を示せ．

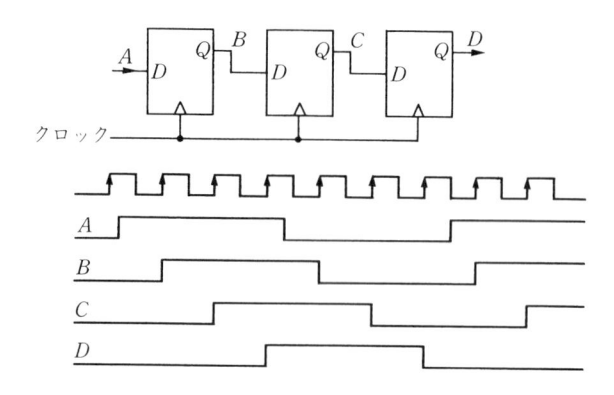

図 5.22　D-FF を用いた遅延回路

【解答】　一番最初の段の FF は，入力を同期化するもので，ここのセットアップタイムは考えない（タイミングが悪いと，H でも L でもない状態に陥る現象（メタステーブル）が生じる可能性がある）ことにすると，クロックが立ち上がって，前段の FF の値が確定し（t_{pd}），それが確実につぎの段の FF により記憶される（t_{su}）ためには

$$t_{su} + t_{pd}(\max) < T$$

を満足する周期（T）のクロックが必要である．例えば 74AC74 ではこの値は 13.5 ns となり動作周波数は 74 MHz となり，最大動作周波数より小さい．

また，前段の FF の内容が早く変化しすぎると，逆にホールドタイムを満足せず，クロックの立上り前の内容が確実に記憶されない場合がある．確実に記憶されるためには

$$t_h < t_{pd}(\min)$$

を満足する必要がある．多くの FF ではホールドタイムはきわめて小さいので上記の条件はほとんどの場合満足される． ◇

この例題のホールドタイムの値は確かに通常，問題なく満足されますが，それはすべての FF に完全に同時にクロックが渡されるという仮定があっての話です．集積回路が大規模になると，クロックを分配するラインの長さの長短，負荷容量の大きさによりクロックが正確に同時に伝わらない場合があります．このような現象をクロックスキューといいます．実際の LSI の設計は，クロックの分配をうまくやらないと，ホールドタイムの条件が満足できなくなりますので注意が必要です．

さて，もっと複雑な同期式順序回路の場合，動作周波数はさらに低くなります．

5.3.2 同期式順序回路の最大動作周波数

ではここで，1章の復習のところで紹介した同期式順序回路の最大動作周波数を計算してみましょう．

図 **5.23** に示すように，ここでは動作速度を重視して 74AS74，74AS00（2入力 NAND ゲート），74AS10（3 入力 NAND ゲート）を用いたとします．さて，一般的に同期式順序回路は「現在の状態」を FF に蓄えておき，FF の出力と，外部からの入力によりつぎの状態と出力を作ります．ここで，クロックの立ち上がりで，つぎの状態がちゃんと FF に格納されるためには，FF の遅延時間（t_{PFF}），組合せ回路の遅延時間（t_{Pcomb}），FF のセットアップタイム（t_{su}）を加えた値が周期 T より小さくなければなりません．すなわち

$$t_{PFF} + t_{Pcomb} + FF の t_{su} < T$$

$$f_{\max} = \frac{1}{T} < \frac{1}{t_{PFF} + t_{Pcomb} + FF の t_{su}}$$

となります．

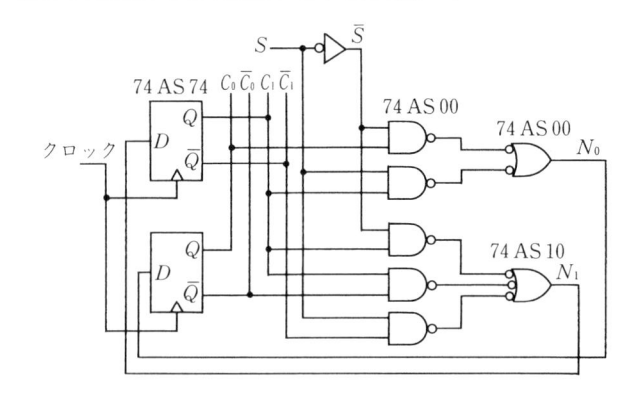

5. 記憶素子その1：フリップフロップ

図 5.23 同期式順序回路の最大動作周波数の計算

74AS10 の遅延時間が 74AS00 の遅延と同じとすると

$$T > tpd\,(\text{AS74}) + t_{PHL}(\text{AS00/AS10})$$
$$\qquad\qquad + t_{PLH}(\text{AS00/10}) + t_{su}(\text{AS74})$$

$$T > 9 + 4 + 4.5 + 4.5 = 22\,[\text{ns}]$$

$$f_{\max} < 45\,[\text{MHz}]$$

となります。ここで，組合せ回路の最初の段の 74AS00 と二段目の AS10/00 は，必ず出力レベルは逆転するはずです。したがって，遅延時間は片方が t_{PLH} ならばもう片方は t_{PHL} となるので，この二つの値を足しています。組合せ回路が複雑になると，このような遅延時間の計算を手で行うのが難しくなり，CAD に頼らざるを得なくなります。幸い，論理シミュレータや，遅延解析ツールは容易にどこでも使えるようになっているので，これらのツールを用いて遅延が最大になる信号の流れ，つまりクリティカルパスの解析を行います（そもそもこのようなツールでは最大動作周波数を自動的に計算してくれます）。

このようなツールを使わずに，目安だけ得たいときは，すべての段で t_{PLH} と t_{PHL} の悪いほうを使って計算すれば，控え目な目安が得られます。

例題 5.4 図 5.23 の回路はセットアップタイムを満足させる点で，一か

所問題がある。そこはどこか指摘せよ。

【解答】　スタート/ストップを制御する入力 S が同期化していない。したがって，この入力の変化する時間によっては，組合せ回路からの出力が変化し，つぎの状態がきちんと FF に格納できない可能性がある。このことを防ぐには入力 S も D-FF により同期化すればよい。　　　　　　　　　　　　　　　◇

5.4　エッジ動作 FF の構成法

エッジ動作の FF は，先ほどの D ラッチのように簡単には実現できません。これを実現する方法は二つあり，一つをマスタスレーブ形といい，もう一つをエッジトリガ形といいます。74 シリーズではおもに後者が使われますが，ラッチが 3 個必要でやや複雑なため，ここではマスタスレーブ方式のみ解説します。エッジトリガ形の動作の解説は参考文献中の web サイトをご覧下さい。

図 **5.24** に示すようにマスタスレーブ形の D-FF は，D ラッチと $\overline{SR}$ ラッチが連結した構造をもちます。前のほうの D ラッチをマスタ，後ろのほうの $\overline{SR}$

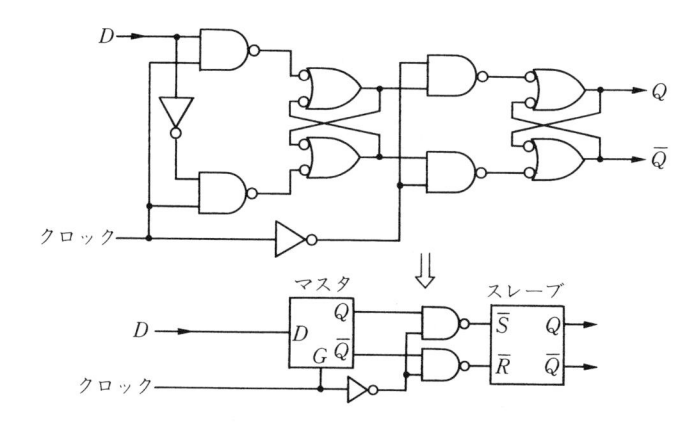

図 **5.24**　マスタスレーブ形 D-FF の構造

120   5. 記憶素子その1：フリップフロップ

ラッチをスレーブと呼びます†。

ちなみにこの図の D-FF は立ち下がりエッジで反応する FF である点にご注意ください。

いま，クロックが H レベルのとき，マスタの D ラッチは素通し状態ですから，入力 D（この場合 L）はマスタの D ラッチの Q にそのまま出力されます。ところが，スレーブのほうはクロックが H のときは，入力の NAND ゲート A，NAND ゲート B がつねに H を出力するため，マスタからの出力にかかわらずその状態は変化せず，前の状態を保持しています（図 5.25 (a)）。

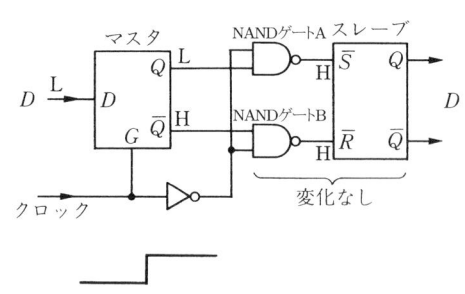

(a) クロックが H レベルのとき入力 D は
マスタの D ラッチに蓄えられる

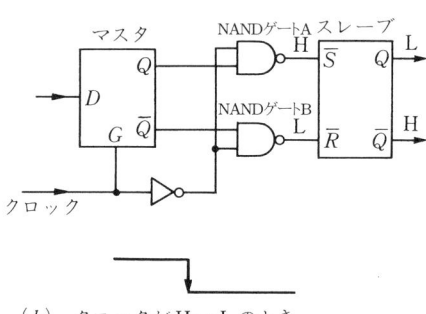

(b) クロックが H→L のとき
マスタのデータはスレーブに移される

図 5.25 マスタスレーブ形 D-FF の動作

---

† この呼び方は響きも悪いうえ，動作の比喩としてもまったく適切ではないと思うが，習慣なのでやむなく用いている。

ここで，クロックが L に変化するとスレーブの NAND ゲートがマスタからの出力を通して，スレーブの状態を変化させます．この場合，マスタの Q が L になるため，スレーブの $\bar{S}$ は H，$\bar{R}$ が L となり，スレーブがリセットされます．つまり，マスタの状態がスレーブに移動するのです．これと同時にスレーブの D ラッチはクロックが L になるので，入力を遮断してしまい，あとは入力がどうあろうと，クロックが L に変化する直前の値を保持します（図 5.25 (b)）．

このように，マスタスレーブ形は，クロックが H のときにマスタにデータを取り込み，H→L に変化した瞬間にマスタの内容をスレーブに移すとともにマスタの入力を遮断することによりエッジ動作を実現するのです．マスタスレーブ形の弱点は，マスタからスレーブへのデータの移動がマスタへの入力の遮断より遅れると，クロックの立ち下がりの直前の値がうまく取り込めなくなることです．このため，マスタスレーブ形はセットアップタイムやホールドタイムを長めにとる必要があります．

マスタスレーブ形 D-FF は，CMOS ではトランスミッションゲートを使うと図 **5.26** に示すように簡単に実現することができます．

この場合，入力を遮断したり，マスタとスレーブ間のデータを遮断するのに

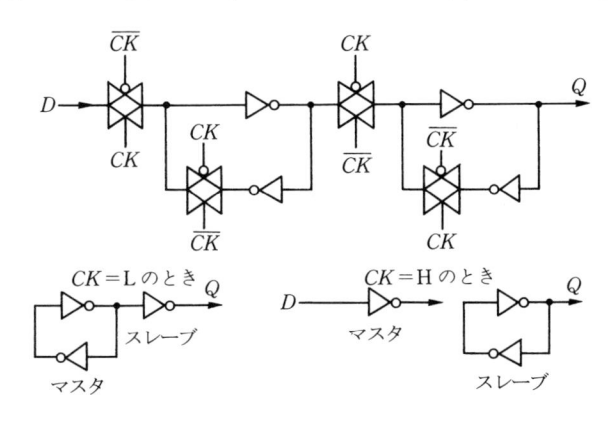

図 **5.26** CMOS マスタスレーブ形 D-FF

122   5. 記憶素子その1：フリップフロップ

トランスミッションゲートが効果的に利用されているのがわかります。

章 末 問 題

(1) 図 5.27 の回路について動作を解析し表を埋めよ。

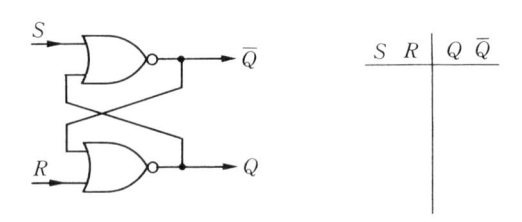

図 5.27

(2) 図 5.28 のタイミング図を完成せよ。

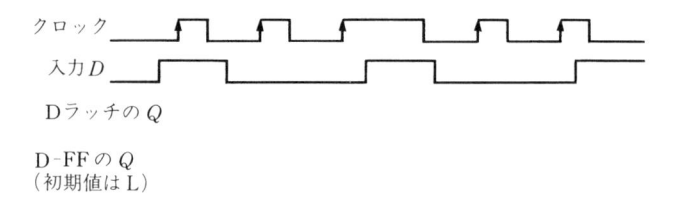

図 5.28

(3) 図 5.29 のタイミング図を完成せよ。

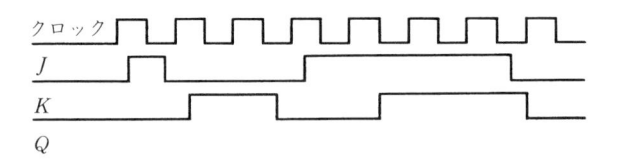

図 5.29

(4) 図 5.30 の回路を解析せよ。

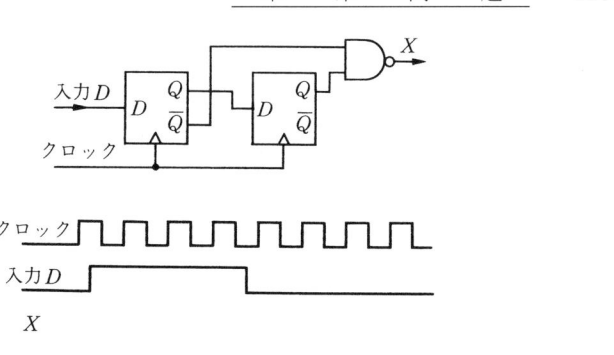

図 5.30

(5) D-FF を用いて T-FF を作れ。また JK-FF を作るにはどうすればよいか。
(6) 図 5.31 の回路の動作を解析し，タイミング図をかけ。また最大周波数を計算せよ。

ただし初期値は
$Y_0 = Y_1 = Y_2 = Y_3 = L$

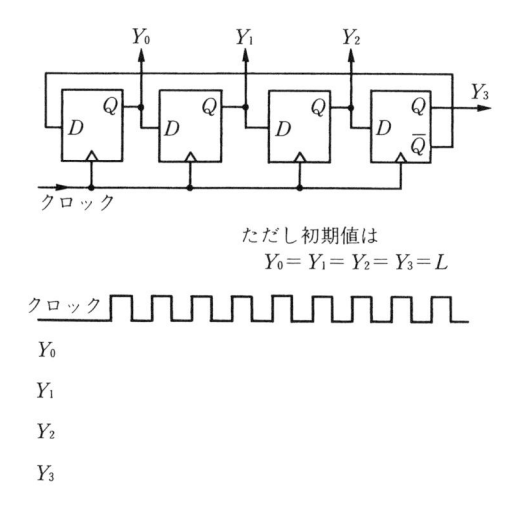

図 5.31

(7) 図 5.32 の回路の動作を解析し，タイミング図をかけ。また，最大周波数を計算せよ (ただし 74AS112 の動特性は 74AS74 のと同じと考える)。
(8) $2 \rightarrow 1 \rightarrow 0$ と数えて 2 に戻るダウンカウンタを設計し，最大動作周波数を計算せよ。

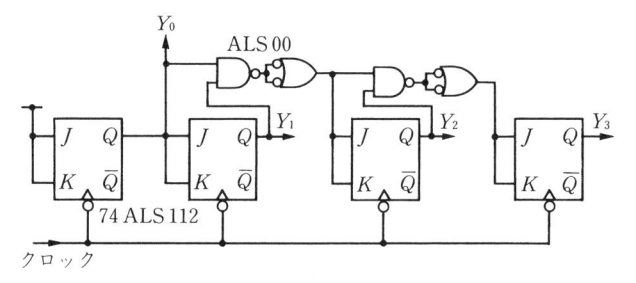

5. 記憶素子その1：フリップフロップ

ただし初期値は $Y_0=Y_1=Y_2=Y_3=L$ とする

図 **5.32**

6 記憶素子その2：メモリ

メモリは大きく分けてつぎの2種類に大別されます。

(1) RWM（read write memory）：読み書き可能だが，電源を切るとデータが消滅するメモリ。一般的には RAM（random access memory）と呼ばれます。

(2) ROM（read only memory）：読み出し専用で，書き込むには通常書き込み機が必要だが，電源を切ってもデータは消えないメモリ。RAM の本来の意味はアクセスタイムがアドレスによらず一定なメモリを指します。この定義からすると ROM，RWM を含む半導体メモリのほとんどが RAM の中に入ります。しかし，実際は本来の意味で用いられることはほとんどなく，RWM のことのみを RAM と呼びます。

6.1 読み書き可能なメモリ：RAM（RWM）

RAM は以下の2種類に大別されます。

(1) スタティック RAM（SRAM）：RS ラッチで情報を記憶，通常は CMOS で高速なものは BiCMOS，最大 4 Mbit, $T_{AAC} = 10 \sim 120$ ns。

(2) ダイナミック RAM（DRAM）：トランジスタの容量に電荷が充電されているかどうかで記憶，nMOS が多かったが最近はほとんど CMOS，最大 16 M〜64 Mbit, 大容量であるが，アドレスがマルチプレクスされており，リフレッシュ，プリチャージ等により SRAM より使いにくい。

まずはスタティック RAM を例に典型的な半導体メモリのモデルと利用法を

紹介しましょう。

6.1.1 スタティック RAM（SRAM）
〔1〕 SRAM の使い方

SRAM は多くの半導体メモリと同様に，論理的には単純な表です。すなわち，図 6.1 に示すように一定の幅 ($m$bit) のデータを格納することができる領域が並んでおり，これに順番に番地すなわちアドレスが付いているわけです。

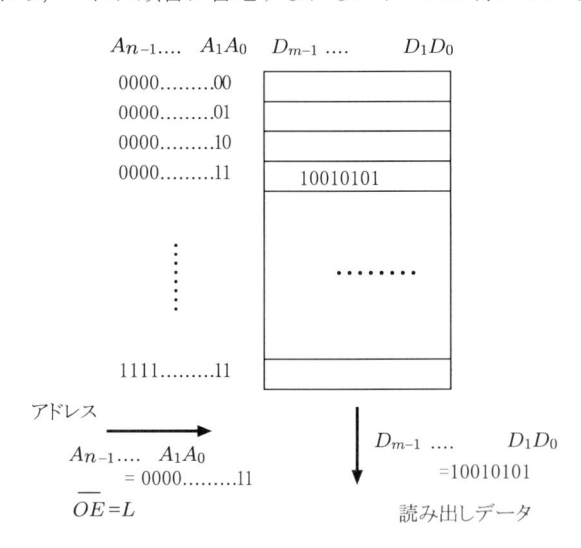

```
   An−1.... A1A0    Dm−1 ....   D1D0
   0000.........00
   0000.........01
   0000.........10
   0000.........11
                    10010101

                     ........

   1111.........11
```

アドレス
$A_{n-1}.... A_1A_0$
= 0000.........11
$\overline{OE}$=L

$D_{m-1}....$ D_1D_0
=10010101
読み出しデータ

図 6.1 SRAM の論理的構造

もちろんディジタル回路なので，アドレスは，2進数で表します。すなわち，n bit のアドレスに対して，2^n のデータ格納領域が設けられることになります。この場合，$m \times 2^n$ bit の記憶容量を持つことになります。通常，m は 1,8,16 など 2 の倍数，あるいはそれにパリティビットを加えた数を取る場合が多いので，SRAM の記憶容量は多くの場合，2 のべき乗で表されます。例えば，アドレス線が 12 本，データのビット数が 8bit である場合，$2^{12} = 4\,096 \fallingdotseq 4$K なので，32Kbit のメモリあるいは 4Kbyte のメモリと呼びます。

6.1 読み書き可能なメモリ：RAM（RWM）

さて，SRAM から読み出す場合は，アドレス線に読み出したい番地を指定し，読み出し用の制御信号 (通常アクティブ L で $\overline{OE}$ などの名前が付いています) をアクティブにすると，一定の時間の後，格納されているデータがデータ出力に表われます．つぎに書き込む場合は，同様にアドレス線で書き込む番地を指定し，データ入力線に書き込むデータを一定時間与え，書き込み用の制御信号 (通常アクティブ L で $\overline{WE}$ などの名前が付いています) をアクティブにすることで，データを書き込みます．メモリに対する読み書きのことをアクセスと呼び，読み書きに要する一定の時間 (実際は読み出しに要する時間が多いです) をアクセス時間と呼びます．アクセス時間はメモリの動作速度の目安になります．

〔2〕 **SRAM の内部構造**

SRAM に限らず，図 **6.2** に示すように，ほとんどの半導体メモリは，データを記憶する素子本体，アドレスの行デコーダ，列デコーダ，読み出しデータ，書き込みデータを増幅するバッファ，データを選択するセレクタから構成されます．

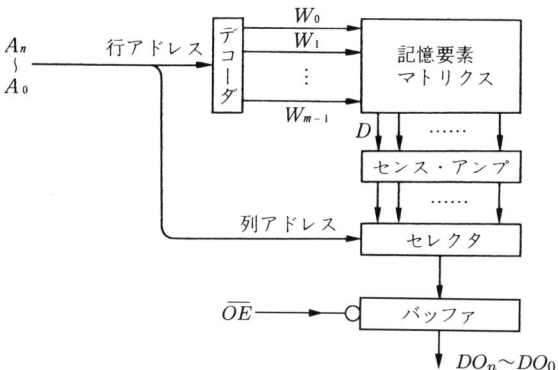

図 6.2 SRAM の内部構造の例

SRAM の記憶素子は図 **6.3** に示すように，5 章で紹介した最も簡単な構造のラッチがそのまま用いられます．このラッチは縦横 2 次元状のマトリックスに配置されています．入力されたアドレスはその一部が行アドレスとして使われます．この，行アドレスをデコードした信号線 W によって両側のトランス

128　6. 記憶素子その2：メモリ

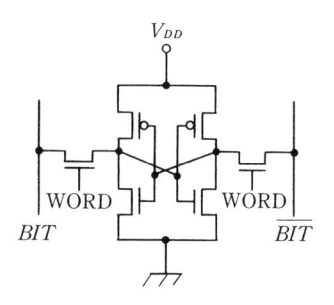

図 6.3　SRAM の記憶素子

ミッションゲート（パストランジスタ）が開きます。ここで読み出しの場合，両側の BIT, $\overline{BIT}$ にデータが出力され，ラッチがセットされていれば1，そうでなければ0が読み出されます。BIT, $\overline{BIT}$ の信号線を二つ使うのは，両者の比較によりセンスアンプで確実にデータを読み出すためです。SRAM の記憶素子は構造的には，確かに5章で紹介したラッチと同じですが，トランジスタの面積は通常のディジタル回路のゲートに比べて，ずっと小さくできています。このため，読み出したデータ信号レベルは通常のディジタル信号に比べて微少です。すなわち，メモリの記憶素子は，ディジタルデータの記憶素子でありながら，その動作はアナログ的です。この辺に，メモリが FF に比べて同じ面積ではるかに多くのデータを保存できる秘密があります。センスアンプはこの微少な電圧差を増幅し，通常のディジタルレベルにしてやる働きがあります。

このようにして読み出され，増幅されたデータは列アドレスによって，必要な部分のみが選ばれ，出力バッファに渡されます。この出力バッファは3ステート出力になっており，この制御用の信号が $\overline{OE}$ に相当します。

書き込みの場合に，逆に $BIT, \overline{BIT}$ からデータが入力されます。ここではトランスミッションゲートの信号を双方向に伝える性質が利用されています。書き込みの際はトランスミッションゲートからの入力信号とインバータの出力が一瞬ぶつかりますが，トランスミッションゲートの FET のソース，ドレーンの面積を大きくとっておけば確実にデータを書き込むことができます。

〔3〕 SRAMの使い方

さて，実際のSRAMの使い方を実例で紹介します．図 **6.4** にルネサス社などが製造している 4 Mbit (512K × 8bit) CMOS SRAM (HM628511HC シリーズ) のピン配置とアクセスタイミングを示します[7]．

(a) ピン配置　　(b) アクセスタイミング

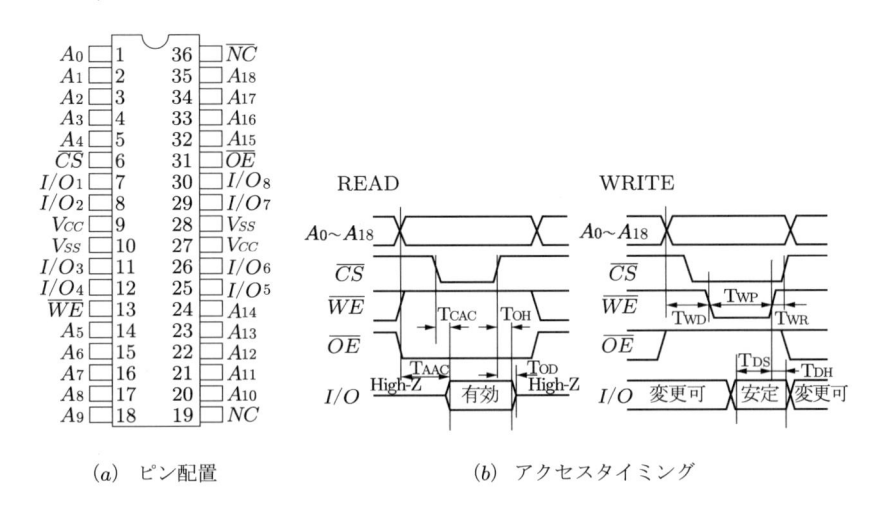

図 6.4 4Mbit CMOS SRAM のピン配置とアクセスタイミング

このSRAMを読み出すためには，$\overline{CS}$ と $\overline{OE}$ をLにし，相当するアドレスを与えてやります．$\overline{CS}$，$\overline{OE}$ はそれぞれチップイネーブル端子，アウトプットイネーブル端子と呼ばれます．LにするとSRAMが動作し，そうでないとき，つまりHにすると出力が3ステート状態になります．規格表では，通常，アクセスの様子をタイミングチャートで示します．図 6.4 中の左のタイミングチャートは，読み出しの様子を示します．この図では，アドレスやデータなどのバスは，並行線になった状態が安定を示し，×の状態は変化して不確定な状態を示します．

さて，$\overline{CS}$ と $\overline{OE}$ の違いは，$\overline{CS}$ をHにするとチップ全体を休止状態にしたうえで出力バッファも3ステート状態にするのに対し，$\overline{OE}$ は出力バッファ部のみを3ステート状態にします．したがって，アクセス時間としては，アドレ

ス，$\overline{CS}$，$\overline{OE}$ の三つの経路について考える必要があります。

(1) $\overline{CS} = \overline{OE} =$ L のとき，アドレスを与えてからデータがきちんと出力するまでの時間（T_{AAC}）。最近の CMOS で 10〜12 ns 程度。

(2) $\overline{OE} =$ L でアドレスがすでに与えられているとき，$\overline{CS}$ を L にしてからデータがきちんと出力するまでの時間（T_{CAC}）。ほとんどの場合，T_{AAC} と同じになります。

(3) 同様に，$\overline{CS} =$ L でアドレスがすでに与えられているとき，$\overline{OE}$ を L にしてからデータがきちんと出力するまでの時間（T_{OE}）。5〜6 ns 程度で T_{AAC}，T_{CAC} よりも短い値です。

つぎに書き込みの方法について紹介します。SRAM には，データ入力と出力が分離しているタイプと共通にしてピン数を削減するタイプがあり，この SRAM は後者です。すなわち，図 6.4 のタイミング図を見てのとおり，$\overline{OE}=$ L，$\overline{WE}=$ H にしたときが読み出しで，$\overline{OE}=$ H，$\overline{WE}=$ L にすると書き込みが可能になります。$\overline{WE}$，$\overline{OE}$ を両方同時に L にする使い方は普通しませんが，無理にやった場合は，書き込みが優先されます。多くの SRAM では，データは $\overline{WE}$ の立ち上がりで RAM 内に書き込まれます。したがって $\overline{WE}$ の立上りに関して，FF 同様，セットアップ時間（T_{DS}）とホールド時間（T_{DH}）を満足する必要があります。ただし，多くの場合ホールド時間は 0 なので，書き込みのパルスと同時にデータを除去しても問題ありません。また，$\overline{WE}$ の最小パルス幅（T_{WP}）も決まっており，これはセットアップ時間よりやや長い値になるのが普通です。

表 6.1 に 4Mbit CMOS SRAM(ルネサス社 HM628511[7] など) の動特性の一例を示します。max と書いてあるのは、読み出し時に、もっとも遅いデバイスでもこの時間でデータの読み出しなどが可能なことを示し、min と書いてあるのは最低このタイミングまでにデータを用意したり、制御信号を変化させる必要があることを示します。また、メモリや 7 章で紹介する FPGA などのデバイスは，動作速度に差がある製品をなん種類か提供しており，これを決めるのがスピードグレードです。規格表上で -10, -12 と書いてあるのは、このス

6.1 読み書き可能なメモリ：RAM（RWM）

表 6.1 4Mbit CMOS SRAM の動特性（単位:nsec）

	min/max	−10	−12
T_{AAC}	max	10	12
T_{CAC}	max	10	12
T_{OE}	max	5	6
T_{OH}	min	3	3
T_{OD}	max	5	6
T_{WD}	min	7	8
T_{WP}	min	7	8
T_{DS}	min	5	6
T_{DH}	min	0	0
T_{WR}	min	0	0

ピードグレードを表します．この場合 −10 のほうが高速であることがわかります．

例題 6.1 図 6.5 に示す SRAM 回路の構成例の読み出しにおけるアクセス時間を計算せよ．

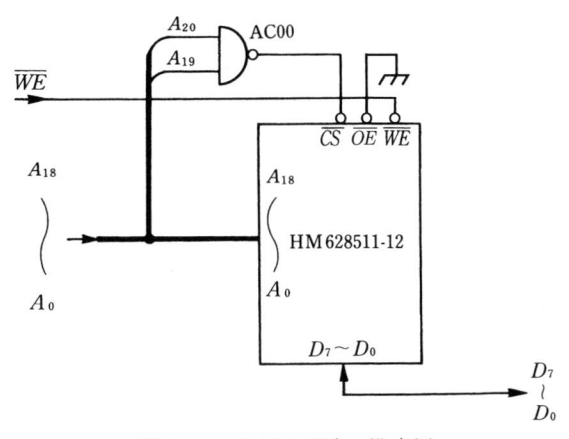

図 6.5 SRAM 回路の構成例

【解答】 デコーダから $\overline{CS}$ を通るパスがアクセス時間の最長パスになる。したがって

$t_{PHL}(\text{AC 00}) + T_{CAC} = 7 + 12 = 19$ 〔ns〕

$\overline{CE}$ と $\overline{OE}$ を入れ変えた場合

$t_{PHL}(\text{AC 00}) + T_{OE} = 7 + 6 = 13$ 〔ns〕

◇

　これらの SRAM の入出力は 2 章で紹介した通常の CMOS とほぼ同様です。電源電圧についても従来形の 5V 対応の製品に代わって最近は 3.5V など低電圧電源対応の製品が使われます。また，特に消費電力が少ない製品が用いられます。

　SRAM は，高速で使いやすいことから，パーソナルコンピュータのキャッシュメモリや，通信用の高速メモリに広く用いられます。しかし，動作時には大電力を必要とし，ここに示した例では，5V で最大速度で動作させると 140mA 程度の電流を消費します。最近は低消費電力用として，アクセス時間は 55nsec 程度に長くなるものの，動作時の電流を 25mA 程度に抑えた SRAM も製造されています。

　また，ここに示した SRAM は，アドレスを与えると一定の時間を経過して出力にデータが現れる点で，動作が非同期的であることから非同期形 SRAM と呼ばれます。最近は，クロックに同期して連続転送を高速に行う同期形 SRAM (synchnorous SRAM: SSRAM) も用いられます。SSRAM は後に紹介する SDRAM との接続が容易であるのが利点です。

6.1.2　ダイナミック RAM（DRAM）

〔1〕 DRAM の使い方

　まともなラッチでデータを記憶する SRAM に対して，DRAM は容量に電荷が充電されているかどうかでデータを記憶します。このため読み出しを行うためには，まず基準電位を充電するプリチャージの必要があり，さらに読み出しは破壊読み出しとなるため，読んだデータを書き戻す必要があります。これ

6.1 読み書き可能なメモリ：RAM（RWM）

らの操作は DRAM 内で自動的に行われますが，使う側はこれらが行われる時間を確保してやる必要が生じます．また，記憶に使う電荷は，放っておくと放電してしまうので，リフレッシュといって定期的に充電してやる必要もあります．このため外部に簡単なタイマと制御回路が必要です．さらに，DRAM は大容量高密度実装が命ですから，ピン数の多いパッケージを使いたくないのです．このため，アドレスは 2 回に分けて順に与える必要があります．このように DRAM は SRAM に比べると，はるかに使いづらいメモリですが，それにもかかわらず広く使われるのは，圧倒的な bit 単価の安さと狭いスペースで大容量のメモリを実現できるためです．DRAM はパーソナルコンピュータの主記憶に用いられることから，膨大な数の生産が行われ，一時は日本の半導体産業の中心となる製品でしたが，現在は，韓国をはじめとした海外での生産が多くなっています．

さて，まず図 **6.6** に示す 4 Mbit DRAM を例に，古典的な DRAM の動作を解説します．この DRAM はすでに時代遅れのもので，最近は後に紹介する SDRAM，特に DDR-SDRAM（容量は 256Mbit）が主流となり，この種の基本的な DRAM はほとんど使われなくなっています．しかし，DRAM の動作原理を知るためには，まずは基本的動作を知り，それから SDR-SDRAM，

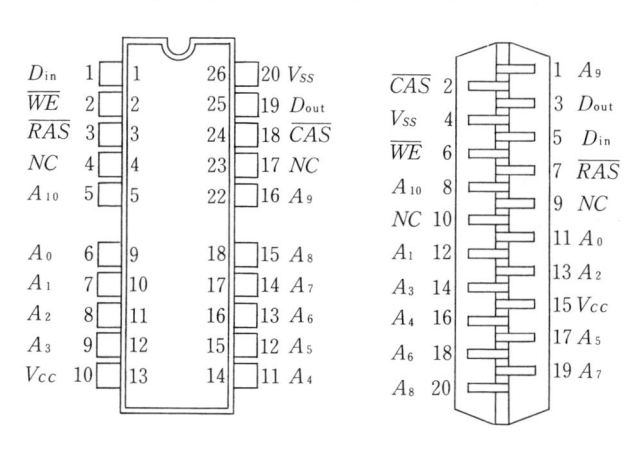

図 **6.6**　4Mbit DRAM

DDR-SDRAM と進んでいくのが有利です。

まず，DRAM の特徴は，SRAM に見られた $\overline{CS}$ の代わりに $\overline{RAS}$（raw address select）と $\overline{CAS}$（column address select）の 2 本の信号線を用いる点です。動作は以下のとおりです。まず，$A_0 \sim A_{10}$ に行アドレスを与えて，$\overline{RAS}$ を L にします。つぎに行アドレスを列アドレスに切り替え，$\overline{CAS}$ を L にします。これで RAM には $A_0 \sim A_{21}$ までの 22 bit 分のアドレスが与えられたわけです。この RAM は 4 M × 1 bit ですから 2^{22} = 4 M = 4 194 304 のそれぞれのアドレスに対して 1 bit ずつデータが記憶されるわけです。データは 1 bit で入出力は書き込みデータを与える D_{in} と読み出しデータを取り出す D_{out} に分かれています。D_{out} は $\overline{RAS}, \overline{CAS}$ に信号を与えなければハイインピーダンス状態になります。

基本的な読み出しと書き込みのタイミング図を図 **6.7** に示します。書き込みは，書き込みを示す $\overline{WE}$ を $\overline{CAS}$ が L になる前に L にしてしまうアーリーライトサイクルと，$\overline{CAS}$ を L にした後行うディレイドライトサイクルがあります。図 6.7 に示したのはアーリーライトサイクルです。SRAM と異なり，DRAM では $\overline{WE}$ の立下りでデータがセットされる点にご注意ください。アーリーライトサイクルでは書き込みであることが最初からわかるので D_{out} に

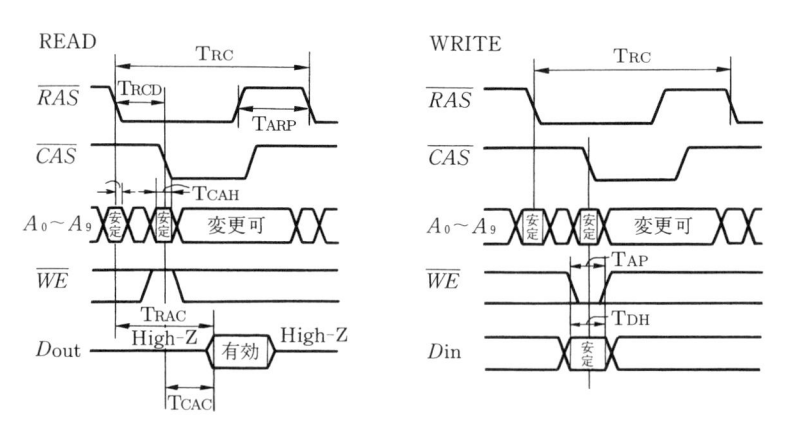

図 **6.7** 基本的な読み出し，書き込みのタイミング図

6.1 読み書き可能なメモリ：RAM（RWM）

出力が表れませんが，ディレイドライトサイクルでは $\overline{CAS}$ を L にした後に $\overline{WE}$ を L にするので，最初 DRAM は読み出しだと思って働くので D_out のハイインピーダンス状態が少しの時間保証されなくなります．逆にもっと $\overline{WE}$ を遅らせて，データを読み出しながら書き込む（もちろん同一番地のデータに限りますが）リードモディファイライトと呼ばれるサイクルもあります．このサイクルを使うと，データを読み出して，この値を変更して書き込む一連の処理を高速に行うことができます．

DRAM は動作が複雑なだけにさまざまなタイミングを考慮しなければならないのですが，まず，設計するほうで守ってやらなければならない条件があります．

(1) T_RAH，T_CAH：通常の場合と異なり，$\overline{RAS}$，$\overline{CAS}$ に対するアドレスの入力についてはセットアップタイムはほとんどの場合 0 で，ホールドタイムが問題になります．T_RAH，T_CAH は，それぞれ $\overline{RAS}$，$\overline{CAS}$ を L にしてから行アドレス，列アドレスを安定に保たなければならない時間で，通常 10〜20 ns くらいです．書き込み時のデータについてもセットアップ時間はほとんど 0 でホールド時間（T_DH）が 15〜20 ns 程度必要になります．

(2) T_RCD：$\overline{RAS}$ が L になってから $\overline{CAS}$ が L になるまでの遅延時間．もちろん短過ぎるとアクセスがうまくいかないのですが，長過ぎるとデータのアクセス時間が延びてしまうので，最大値と最小値の両方が示されています．

(3) T_RAS，T_CAS：$\overline{RAS}$，$\overline{CAS}$ のパルス幅の最小値．

(4) T_RP：プリチャージ時間の最小値．この時間分は $\overline{RAS}$ を H レベルにしておく必要があります．

(5) T_RC：読み出しを 1 回するのに必要なサイクル時間．

これらの値の一例[7]を古典的な DRAM の動特性として**表 6.2** に示します．上記の条件で使うと，表中のアクセス時間の値が有効になります．

- T_RAC：$\overline{RAS}$ を L にしてからのアクセス時間

表 **6.2** 古典的な DRAM の動特性

記号	HM514100B −6 min	−6 max	−7 min	−7 max	−8 min	−8 max	単位
T_{RAH}	10	–	10	–	10	–	ns
T_{CAH}	15	–	15	–	15	–	ns
T_{RCD}	20	45	20	50	20	60	ns
T_{RP}	40	–	50	–	60	–	ns
T_{RAS}	60	10 000	70	10 000	80	10 000	ns
T_{CAS}	15	10 000	20	10 000	20	10 000	ns
T_{WP}	10	–	10	–	10	–	ns
T_{DH}	15	–	15	–	15	–	ns
T_{RC}	110	–	130	–	150	–	ns
T_{RAC}	–	60	–	70	–	80	ns
T_{CAC}	–	15	–	20	–	20	ns

- T_{CAC} : $\overline{CAS}$ を L にしてからのアクセス時間

表 6.2 に示すように，古典的な DRAM は，いろいろな操作をやったうえ，プリチャージ時間を確保しなければならないため，全体のサイクル時間は長くなってしまいます。

6.1.3 DRAM の内部構造

DRAM の内部構造は図 6.2 に示した SRAM の内部構造同様，2 次元状に配列した記憶素子とデコーダ，バッファ，センスアンプ等から構成されていますが，以下の点が異なっています。まず，行アドレスと列アドレスは同一のアドレス線を共有しており，$\overline{RAS}$，$\overline{CAS}$ によって，それぞれのレジスタに対してアドレスが記憶されます。つぎに，DRAM は破壊読み出しで，読み出したデータは一瞬の後には消失してしまいます。このため，データはセンスアンプにより増幅され，すぐにレジスタによって記憶された後に出力されます。同時に内部の記憶素子に対してフィードバックが行われ，読み出したデータを書き

込んでやる構成になっています。

　DRAM の記憶素子は図 **6.8** に示す構造をしており，FET に接続された記憶用コンデンサに電荷が充電されているかどうかでデータを記憶します。記憶用コンデンサはごく小さな容量で，読み出しにより充電された電荷は放電してしまいます。そこで，DRAM での記憶は直接充電した電荷を読み取るのではなく，間接的な方法を取ります。書き込みは，$W = H$ にしてソース-ドレーン間を導通させることで行います。このとき D が H レベルならコンデンサに電荷が蓄えられ，L レベルならば放電した状態になります。

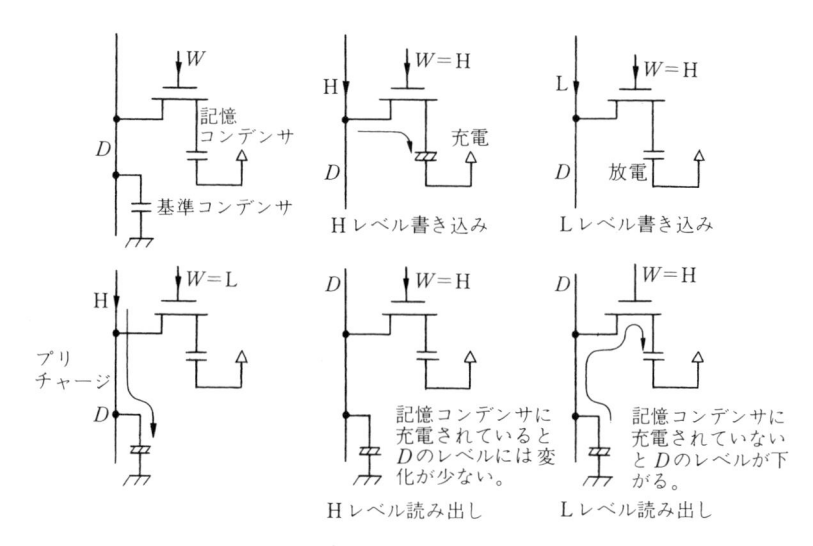

図 **6.8**　DRAM の記憶素子

　さて，読み出し時には，まず D に接続されている基準用コンデンサに基準電圧をかけて電荷を充電します。これがプリチャージです。プリチャージが終わったら基準電圧を取り除き，$W = H$ にして再びソース-ドレーン間を導通させます。ここで，FET に接続されている記憶用コンデンサに電荷が蓄えられていれば，D の値はほとんど変動しません。しかし，電荷が蓄えられていなければ，基準用コンデンサに蓄えられている電荷が FET を通って記憶用コンデ

ンサに移動し，電圧は低下します．この D の電圧と基準電圧をセンスアンプで比較して，データの「1」，「0」を決定します．センスアンプで決定したデータは直接 D に乗せられ，再び記憶用コンデンサを充電/放電します．

FET が OFF のときはソース–ドレーン間はほとんど開放状態になるとはいえ，この記憶用コンデンサは放っておくと電荷が放電してしまうので，定期的に読み出して充電しなおしてやります．これがリフレッシュです．センスアンプは各列に一つあり，リフレッシュではこれを同時に使うことができるので，行アドレス単位に行います．リフレッシュの間隔は例えば 16 ms に 1 回程度です．

6.1.4　同期形 DRAM

DRAM は一つの行アドレスを与えた後に，列アドレスを変化させていくことにより，連続したアドレスのデータをつぎつぎに出力していくことができ，本来，連続転送(バースト転送と呼びます)に向いている記憶素子です．そこで，

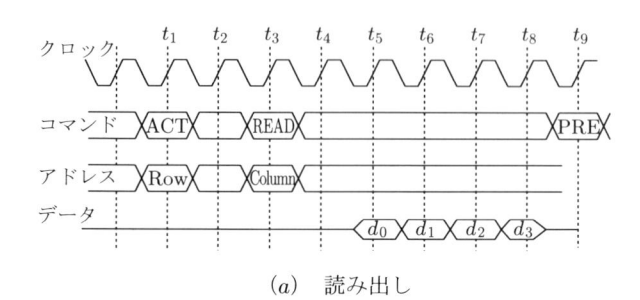

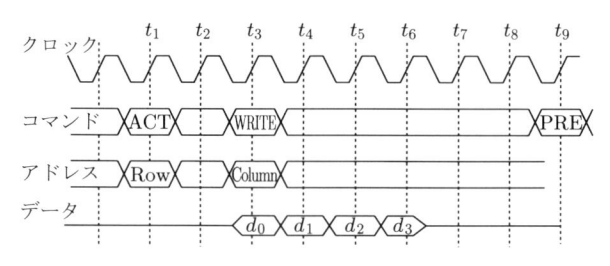

(a)　読み出し

(b)　書き込み

図 6.9　SDRAM の動作タイミング

6.1 読み書き可能なメモリ：RAM（RWM）

単一のクロックを設けて，このクロックに同期して連続したアドレスのデータをつぎつぎに読み書きすることにより，全体の転送容量（スループットと呼びます）を高くしたDRAMを同期形DRAM(synchronous DRAM: SDRAM)と呼びます。

SDRAMのアクセスを古典的なDRAMと比較して，図6.9に示します。SDRAMにも，$\overline{CS}$, $\overline{RAS}$, $\overline{CAS}$, $\overline{WE}$などの古典的なDRAMで用いられた制御端子が存在します。しかし，SDRAMでは，クロックに同期してこれらの信号線に一定のレベルの組み合わせを与えることで，SDRAMに対して操作を指示していると考えます。このレベルの組み合わせをコマンドと呼びます。コマンドは例えばリード，ライト，リフレッシュなどがあります。ここでは，最も基本的なモードを示します。最初にACTコマンドとともに行アドレス（Row Address）を与え，一定のクロック数の後にREAD（読み出し）コマンドとともに列アドレス（Column Address）を与えます。列アドレスを与えてから，2クロック後からデータを読み出すことが可能です。バースト転送（ここでは4）の後，つぎのクロックでプリコマンドを与えて，プリチャージを行います。プリチャージの2クロック後にはまたつぎのACTコマンドを与えることが可能です。書き込みの場合も同様ですが，データを与えるタイミングが早いです。しかし，このモードでは書き込んでから2クロックはなにもせずに待たせる必要があり，つぎのACTコマンドを与えることのできるタイミングは同じです。

バースト転送の長さは2, 4, 8などの設定が可能です。以下の例題でSDRAMの転送容量を考えてみて下さい。

例題 6.2 図6.9に示すタイミングでバースト転送長4で読み出しを行うとき，四つ目のデータのアクセスに要する遅延時間を計算せよ。また，このSDRAMで32 bit幅のメモリを構成した場合の，単位時間当たりの転送容量を計算せよ。なお，クロック周波数は100 MHzとする。

【解答】 ACT から 7 クロック目に四つ目のデータが転送されるので，70 nsec 要する。しかしプリチャージを含めるとつぎの ACT までには 10 クロック要する。このため，一つのデータ幅が 32 bit であるとすると，4 byte×4/100 nsec＝160 Mbyte/sec となる。　◇

このモードは最も基本的なアクセスの方法を示しています。行アドレスが同じならば，ACT コマンドを省略することが可能ですし，連続した番地の場合プリチャージを隠蔽することもでき，実際はもっと高い転送容量を実現することができます。ここでは，簡単のためクロックを 100 MHz としましたが，最大 133 MHz に対応しています。電源電圧は 3.5 V で，3 章に紹介した LV シリーズのレベルに対応します。さて，SDRAM は従来形の DRAM に比べてはるかに高い転送容量を実現しますが，最近のパーソナルコンピュータの主記憶に利用するには，まだ転送容量が不足します。そこで，登場したのは，クロックの両エッジで転送を行う DDR（double data rate）-SDRAM です。DDR-SDRAM はクロックおよびこの反転したクロックを用いて図 *6.10* に示すように，1 クロックに二つのデータを転送します。

DDR-SDRAMは，この高速転送を実現するために，電源電圧は2.5Vとし，SSTL_2と呼ばれる特殊な入出力インタフェースを用います。また，DLL(delay locked loop) 回路を搭載し，外部クロックと内部クロックの間に生じる位相差を調節しています。図 *6.10* に示すのは自動的にプリチャージを行う最も基本的なアクセスの方法で，最初に ACT コマンドとともに行アドレス（Row Address）を与え，一定のクロック数の後に READA（自動プリチャージの読み出しコマンドとともに列アドレス（Column Address）を与えます。列アドレスを与えてから，2 クロック後からデータが読み出すことが可能です。プリチャージは自動的に行われるので，t_8のつぎのクロックでまたつぎの ACT コマンドを与えることが可能です。書き込みの場合も同様ですが，データを与えるタイミングが早いです。しかし，このモードでは書き込んでから 2 クロックはなにもせずに待たせる必要があり，つぎの ACT コマンドを与えることので

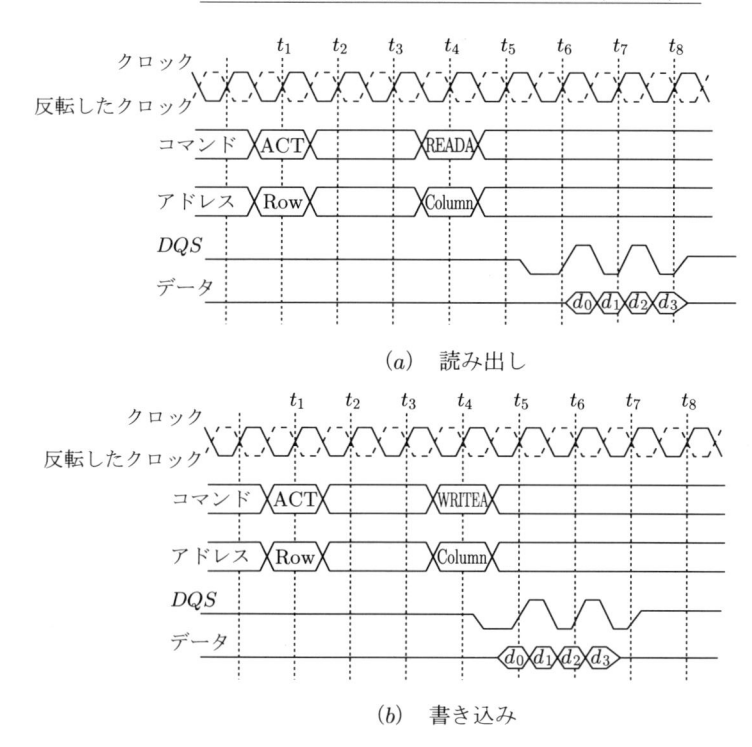

6.1 読み書き可能なメモリ：RAM（RWM）

図 6.10 DDR-SDRAM の動作タイミング

(a) 読み出し

(b) 書き込み

きるタイミングは同じです。

例題 6.3 図 6.10 に示すタイミングでバースト転送長 4,8 で読み出しを行うとき，四つ目（八つ目）のデータのアクセスに要する遅延時間を計算せよ。また，この SDRAM で 32 bit 幅のメモリを構成した場合の，単位時間当たりの転送容量を計算せよ。なお，クロック周波数は 100 MHz とする。

【解答】 ACT を与えてから 7 クロック目に四つ目のデータが転送されるので，70 nsec 要するが，つぎの ACT はつぎのクロックで与えられるので，80 nsec で四つのデータが読み出せる。一つのデータ幅が 32 bit であるとすると，4

byte×4/80 nsec=200 Mbyte/sec となる．バースト転送長が 8 だと，これが 100 nsec となり，320 Mbyte/sec まで向上する． ◇

今回示した自動プリチャージモードは最も基本的なモードで，行アドレスが一致する場合は ACT コマンドが省略可能です．また，アクセスするアドレスが連続している場合は，プリチャージ時間を隠蔽することが可能で，これらの手を使うことでさらに転送容量を増強することが可能です．DDR-SDRAM は通常 133 MHz のクロックに対応し，さらに転送周波数を倍にした DDR 2 も普及しています．DDR-SDRAM は急激に発達して短期間で通常の SDRAM に代わってパーソナルコンピュータのメモリの主流となったため，最近は，普通の SDRAM を特に SDR（single data rate）-SDRAM と呼びます．

最近の DRAM は 1 チップ中に非常に高密度に実装が行われており，また，数多くを並べて使います．このため，アクセスにおけるアドレス切り替え時，リフレッシュ時には膨大な電流が瞬間的に流れ込みます．このため，DRAM の基板は，電源，グランド専用の層をきちんと設け，コンデンサ（セラミック等高周波に強いもの）を多数電源，GND 間につないだうえさらに，数個に一つ容量の大きいタンタルコンデンサなどを入れ，確実に動作するようにします．最近のDDR-SDRAMは特に高速ですので，基板のパターン設計には特殊な配慮が必要です．

6.2 読み出し専用メモリ：ROM

6.2.1 ROM の分類

ROM とは，電源を切ってもデータが消えないメモリ，すなわち不揮発性メモリのことです．ROMは，工場出荷時からデータが決まっているマスクROMとユーザが書き込むことができるプログラマブル ROM（P-ROM）に分けられます．マスク ROM は大容量ですが，内容の変更の必要がない例えば文字

コードのビットパターンなどの特殊用途に限られます。

われわれが通常用いるのは P-ROM のほうでこれは，一度書いたら消去不能なワンタイム ROM(ヒューズ ROM) と消去可能な EPROM(erasable-PROM) に分けられます．このうち，書き換えのきかないワンタイム ROM は，記憶素子としてヒューズを用いて，これを焼き切ることによりプログラムをします．かつてはその高速性により小規模高速なテーブルとして用いられましたが，7章に示す PLD の発達により，ほとんど使われなくなりました．

一方，EPROM は，特殊な MOS-FET のゲートに電子を注入して電源を切っても抜けないようにすることによって，記憶を行います．EPROM はその消去の性質により以下のように分類できます．

- UV-EPROM: 紫外線 (ultra violet) を用いて消去する方式．
- EEPROM : 電気的 (electric) に消去可能な方式．個別のデータを消去可能な古典的な EEPROM と，セクタ単位で消去するフラッシュROM に分けられます．

UV-EPROM は紫外線を照射するための窓を持っている ROM で，消去するためには取り外して消去器の中に入れなければならず，使いにくいにもかかわらず，安価で大容量であったため，かなり長い期間使われました．ところが，1990 年代になってからフラッシュROM が急速に発達し，価格，容量の点で他を圧倒したため，UV-EPROM，古典的な EEPROM ともにあまり用いられなくなりました．最近は特殊な場合以外は，ほとんどの分野にフラッシュROM が用いられます．

6.2.2 フラッシュROM の使い方

フラッシュROM は，EEPROM の発展形で，トランジスタの接続法により NOR 形と NAND 形に分けられます．このうち，NOR 形はアクセス速度が高速なため，ディジタル回路の ROM として用いられるのに対して NAND 形は，アクセス速度は遅くても，大容量であることからメモリカードなどの外部記憶装置として用いられます．したがって，ここでは，NOR 形に絞って解説を行

います。NOR形のフラッシュROMは，容量が大きい（例えば16 Mbit）ことを除くと，読み出し操作に関しては，SRAMとほとんど同じで，アドレスを確定してから，$\overline{CE}$，$\overline{OE}$をLレベルにすると，一定時間の後にデータが出力されます。アクセス時間の計算の方法もSRAMと同じです。表6.3に16MbitフラッシュROM[9]の読み出しアクセス時間の一例を示します。高速SRAM程アクセス時間は短くはなく，85～120 nsec程度です。

表6.3 16MbitフラッシュROMの
読み出しアクセス時間 (単位:nsec)

	min/max	−85	−10	−12
T_{AAC}	max	85	100	120
T_{CAC}	max	85	100	120
T_{OE}	max	35	40	50
T_{OH}	min	0	0	0
T_{OD}	max	30	30	30

フラッシュROMでやっかいなのは，書き込みです。通常のフラッシュROMでは，初期状態ではすべてのbitが"1"であり，これを"0"にすることはできますが，逆の操作をするためには一定のブロックごと消去する必要があります。すなわち，フラッシュROMにおける書き込みはまず一定の大きさであるセクタと呼ばれる単位，あるいはチップ全体をまず消去，つまり全bit"1"にしてから，"0"を書き込んで行く必要があります。この消去および書き込みは，相当な時間を要するうえ，チップによって手続きが違います。

6.2.3 フラッシュROMの内部構造

フラッシュROMは，2次元状の記憶素子に特殊なFETを用いています。
このFETは図6.11に示すように，通常のゲートとシリコン酸化膜の間にフローティングゲートと呼ばれる特殊なゲートを設けています。ここに電子が蓄えられていなければ，このゲートは普通のMOS-FETと同様に，ゲートをHにすれば，ソース-ドレーン間がONになります。これが，初期状態で"1"に

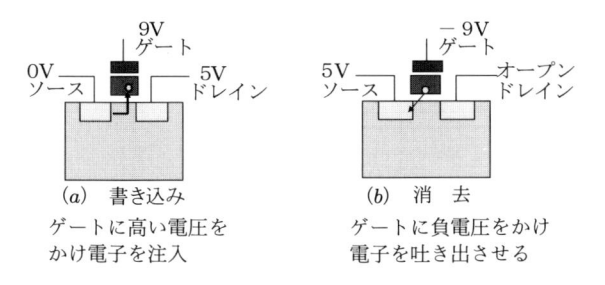

6.2 読み出し専用メモリ：ROM　　*145*

(a) 書き込み
ゲートに高い電圧を
かけ電子を注入

(b) 消去
ゲートに負電圧をかけ
電子を吐き出させる

図 6.11　フローティングゲートによる記憶

相当します．この素子は，通常より高い電圧をソース-ドレーン間にかけることにより，フローティングゲート間にホットエレクトロンを蓄積することができます．この電子は，電源を切ってもフローティングゲートから抜けません．電子が蓄積した状態ではその負電荷により，ゲートに H レベルを与えてもソース-ドレーン間がオープンになりっぱなしです．この状態が"0"の状態です．

さて，消去の際は，ソースにやや高い電圧を掛け，ゲートに負電圧を与えます．このとき，フローティングゲートからトンネル効果で電子がソース側に吐き出され，元の"1"の状態に戻ります．フラッシュ ROM は現在でも最も技術の進歩が激しい分野で，NOR 形，NAND 形以外の新しい方式が試されています．また，強誘電体を記憶要素に用いる FeRAM（ferroelectric RAM），磁性体を用いる MRAM（megnetroesistive RAM）など，不揮発性で書き込みも容易なメモリ素子がつぎつぎに開発されています．

章 末 問 題

(1) 図 6.12 のメモリシステムについて
　(a) RAM-1 がアクセスできるのはどのようなアドレスか．
　(b) RAM-2 がアクセスできるのはどのようなアドレスか．
　(c) アクセス時間を求めよ．

146　　6. 記憶素子その2：メモリ

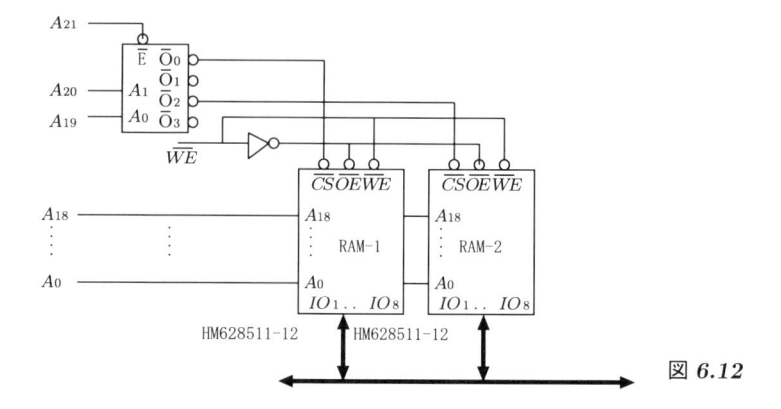

図 6.12

(2) テキスト中の 4Mbit SRAM を 2 個用いて，1M × 8 bit のメモリを実現する回路を設計し，アクセス時間を計算せよ。

(3) テキスト内に示した SDR-SDRAM と DDR-SDRAM を 32bit データを格納するメモリシステムを構成し，133MHz の周波数で動作させた。

  (a) 4 ワード連続転送で読み出しを行う際のスループットを求めよ。
  (b) 8 ワード連続転送で読み出しを行う際のスループットを求めよ。

(4) 図 6.13 に示す回路は，アドレスを順にインクリメントしながら，ROM からデータを読み出して，レジスタに格納する役割を果たす。ROM のアクセス時間を 80 nsec，アドレスをインクリメントする加算器の動作遅延時間を 20 nsec としたとき，下記の問いに答えよ。

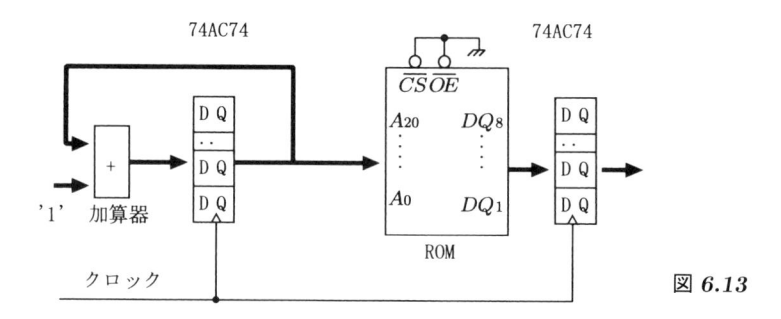

図 6.13

  (a) このメモリに格納可能なデータの bit 数を求めよ。
  (b) 最大動作周波数を計算せよ。

7 PLD と FPGA

　PLD（programmable logic device）は，ユーザが手元でディジタル論理回路をプログラミングすることのできる IC です。このような IC のうち小規模なものは 1970 年代から存在しましたが，当初はワンタイムプログラム形が主で，回路規模も小さく，使いづらいデバイスという印象がありました。ところが，1980 年代に EEPROM を用いた書き換え可能な小規模 PLD が普及し，74 シリーズのゲートや FF に代わって広く使われるようになりました。1980 年代の終わり頃に CPLD や FPGA などの新しい方式が登場するとともに，最新のデバイス技術を導入した結果，集積度，動作速度が飛躍的に向上しました。1991 年から 10 年間で集積度は約 50 倍向上し，2004 年現在 500 万ゲートを上回る規模のチップが 100 MHz 近い動作速度で動作します。SRAM，乗算器，高速リンク，マイクロプロセッサ CPU を内蔵する製品，低価格や高速動作に特化した製品も登場しました。一方，低電圧化，低消費電力化も進んでいます。また，開発環境も整備され，パーソナルコンピュータを使って簡単に設計とプログラムができるようになりました。

　これらのデバイスの発展により，ディジタル回路の実装方法は大きく変化しています。従来ディジタル回路を作る場合は，前章までに解説してきた 74 シリーズの NAND ゲートや FF の IC を買ってきて基板上に論理回路を実装しましたが，最近は回路のほとんどの部分を FPGA などの書き換え可能なデバイスか，次章に紹介する目的用途別の IC である ASIC を用いて作ります。このため，従来よりもずっと小さな基板で大規模のディジタル回路が実現可能になりました。さらに，ここに紹介する FPGA/CPLD/PLD は，基板に装着後

も内部回路の変更が可能な点でも優れています。

7.1 小規模なプログラマブル IC：PLD

7.1.1 組合せ回路用の PLD

PLD とは，広義には書き換え可能なデバイスすべてに対して用いられますが，狭義には図 **7.1** に示すように，NOT ゲート，AND ゲート，OR ゲートの間の配線を自由にプログラムできるようにした古典的な構造を指します。この構造をプロダクトターム方式と呼びます。

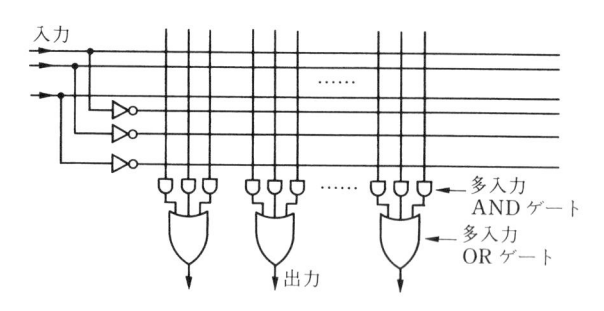

図 **7.1** 最も簡単な構造の PLD

基礎的なディジタル論理回路である組合せ回路は，どんなに複雑なものでも論理積で作った項を論理和で結んだ形（加法標準形）で表すことができます。例えば加算器の基礎であるハーフアダーは，入力を A, B，加算出力を S，けた上げ出力を C とすると，以下の論理式で表すことができます。

$$S = \bar{A} \cdot B + A \cdot \bar{B}$$

$$C = A \cdot B$$

この論理式を実現するには，最初 NOT ゲートと AND ゲートを使ってそれぞれの項（例えば $\bar{A} \cdot B$ と $A \cdot \bar{B}$）を作ってやり，その出力を OR ゲートに入力してやればよいのです。つまり，一定数の入力とその NOT ゲートを取った信号線，対応した入力数をもつ AND ゲート，AND ゲートの個数分の入力を

7.1 小規模なプログラマブル IC：PLD　　**149**

もつ OR ゲートを用意してやれば，配線を変えることで，さまざまな組合せ回路を実現することができます。先に示したハーフアダーは**図 7.2** のように PLD 上で実現されます。図中の×印は結線を表します。

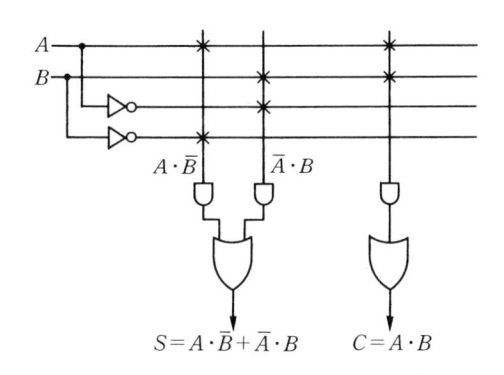

$$S = A \cdot \overline{B} + \overline{A} \cdot B \qquad C = A \cdot B$$

図 7.2　ハーフアダーの実現

図 7.1 に示す構造は，OR ゲートの入力数が固定されていたため，実現できる論理式の項の数が制限されます。そこで，**図 7.3** (a) に示すようにフィードバックループを付ける構造を設けるものもあります。この構造では，OR ゲー

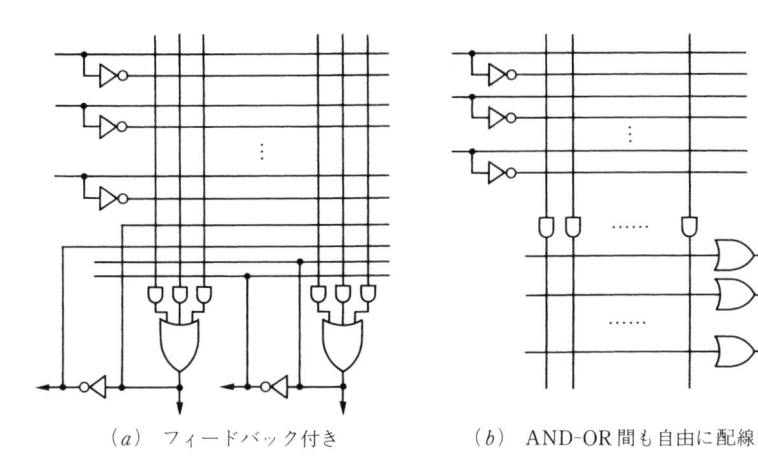

（a）フィードバック付き　　（b）AND-OR 間も自由に配線

図 7.3　柔軟な構造の PLD

トに収まり切れなかった場合，その出力に対してさらに AND-OR ゲートを組み合わせることにより，広い範囲の論理式を実現することができます。しかし，フィードバックループを使うと遅延時間は増大します。図 7.3 (b) に示すように，すべての AND ゲートに相当する入力数をもつ OR ゲートを備えて，AND-OR ゲートの部分もプログラマブルにした構造もあります。この場合，構造も AND ゲートと OR ゲートの組合せが柔軟に変えられるので，実現できる論理式の範囲を広げることができます。この種の最も簡単な PLD の代表は，PLA(programmable logic array) と呼ばれ，接続の変更にヒューズを用いるワンタイム形の製品が 1975 年くらいから使われ始めました。

例題 7.1 図 7.4 に示す構造の PLD を用いて下記の論理式を実現せよ。

$$A\bar{B}C + AB\bar{C} + \bar{A}BC$$

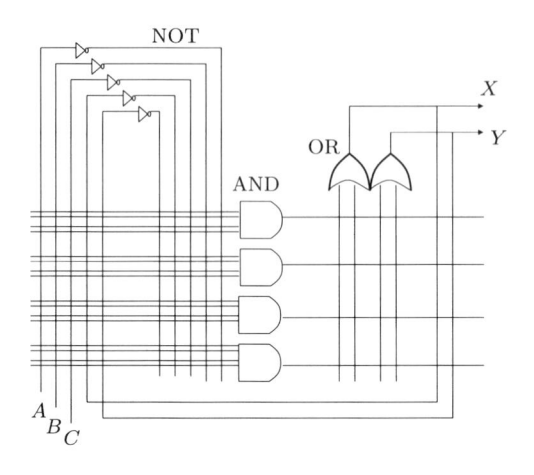

図 7.4

【解答】 項数分の OR ゲートの入力が存在しないため，図 7.5 に示すフィードバックを用いる。　　　　　　　　　　　　　　　　　　　　◇

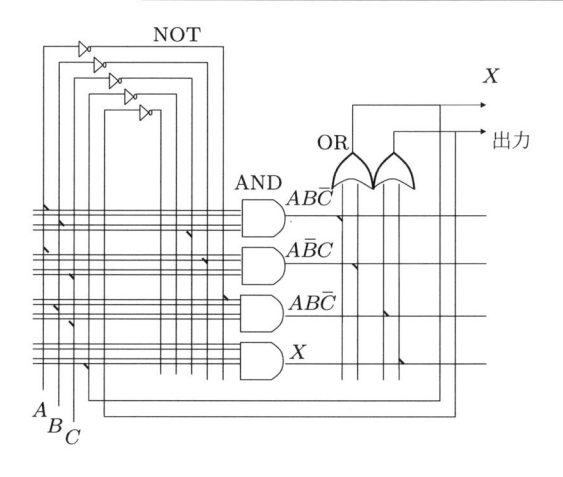

7.1 小規模なプログラマブル IC : PLD **151**

図 **7.5** 例題の解答

7.1.2 LUT 方式

ROM や RAM などのメモリは，一種のテーブルなので，これを真理値表として使うことで，任意の論理回路を実現することができます．しかし，小規模なメモリをアドレスを入力，データを出力として直接真理値表として用いると，面積効率が悪くなってしまいます．そこで，**図 7.6** に示す構成を用いて，メモリのそれぞれの bit 出力に対して，マルチプレクサを木構造に接続します．そして，マルチプレクサの制御入力が 0 ならば上，1 ならば下からの入力を選択することで，真理値表を参照する操作を実現します．図 7.6 では，入力 011

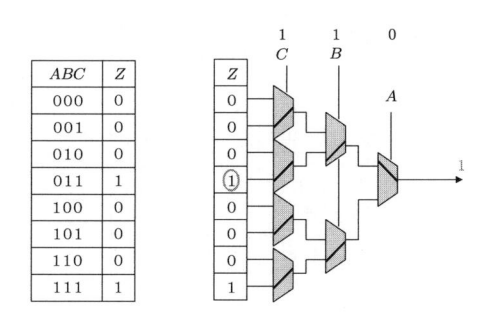

図 **7.6** LUT 方式

152   7. PLD と FPGA

に対する出力が選択されています．このようにして論理回路を実現する方法をLUT(look up table)方式と呼びます．プロダクトターム方式と比較すると，入力数に対して任意の論理回路が実現でき，入力数が少なければ面積効率の点でも有利です．しかし一方で，論理式の簡単化を生かすことができない，多数の出力に対して共通の入力を用いることができない等の欠点があります．後に紹介するFPGAの基本構成要素としては，主としてこのLUT方式を用います．

7.1.3　順序回路の構成

プロダクトターム方式あるいはLUTで実現できるのは組合せ回路だけで，複雑なシーケンス制御などを行うためには，FFを含む順序回路を作る必要があります．一般的な順序回路は5章で紹介したように，状態をFFに記憶させておき，組合せ回路により状態と入力から出力とつぎの状態を作ってやることで実現されます．つまり，図 7.3 あるいは図 7.6 で構成した組合せ回路の出力にFFを接続して，フィードバックループをもたせれば，配線のプログラムを作ることによりさまざまな同期式順序回路が構成できることになります．図 **7.7** に同期式順序回路を実現できるPLDの構造を示します．この例では，

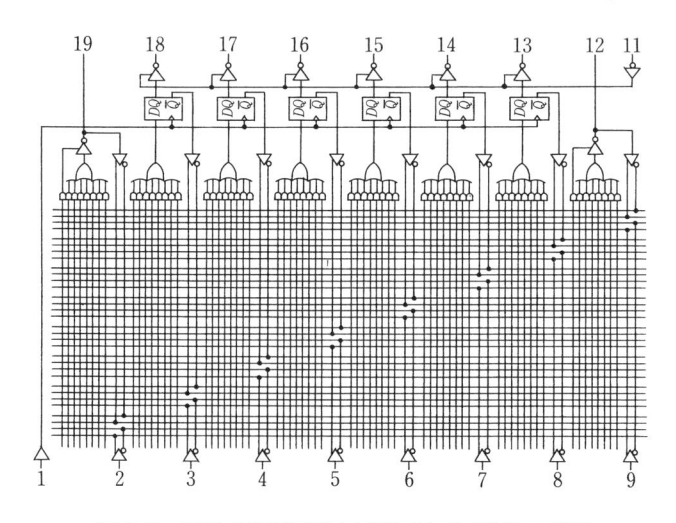

図 **7.7**　同期式順序回路を実現できるPLDの構造

D-FF が 6 個入っており，状態と出力，合わせて 6 bit の順序回路を構成することができます。出力は 3 ステートにすることも可能です。

1980 年代に発達した Lattice 社の GAL シリーズでは，図 7.3 の OR ゲートと D-FF の部分が，図 7.8 に示す多機能なブロックになっています。この構造により，いままで紹介したさまざまな構造の PLD の機能をほとんどすべてカバーすることができます。このように順序回路を構成可能なプロダクトターム方式の PLD を SPLD(simple PLD) と呼びます。

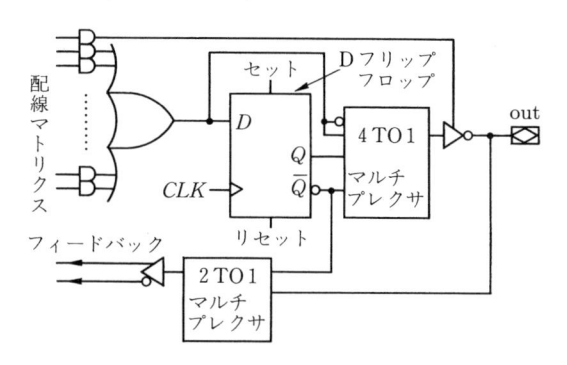

図 7.8 GAL の出力部の構造

7.2 CPLD と FPGA

7.2.1 CPLD と FPGA の構造

図 7.8 に示す高機能な出力ブロックをもつことにより，SPLD は入出力数が許す限り，かなり広い範囲で論理回路を作ることができます。しかし，複数の順序回路，組合せ回路，レジスタ等を含むシステムを実現することまではできません。このようなシステムの実現のために，複数の PLD をスイッチングマトリクスで接続した構成をもつデバイスが登場しました。このようなデバイスを CPLD（complex PLD：複合 PLD）と呼びます。図 7.9 は典型的な CPLD の基本構成です。CPLD の構成要素は，組合せ回路と FF からなるかなりの規模をもつ PLD で，この構成要素 PLD 数十個をスイッチングマトリクスで結

154   7. PLD と FPGA

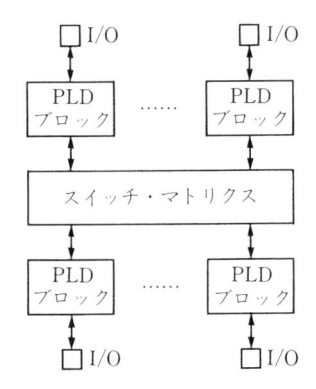

図 *7.9* 典型的な CPLD の基本構成

合しています。PLD 数が多くなると，単一のスイッチングマトリクスでの結合は難しくなるので，マトリクスを2次元化した構成の CPLD もあります。

一方，FPGA は，PLD をスイッチングマトリクスで結ぶというより，8章で紹介するゲートアレイの配線をプログラミングできるようにする，という考え方からできています。このため，基本となる論理ブロックは，やはり組合せ回路と FF を含みますが，CPLD よりも簡単で柔軟性の高い LUT 方式を用います。図 *7.10* に典型的な FPGA である Xilinx 社の XC4000 シリーズ[10]の構成を示します。FPGA の基本論理ブロック CLB（configurable logic block）

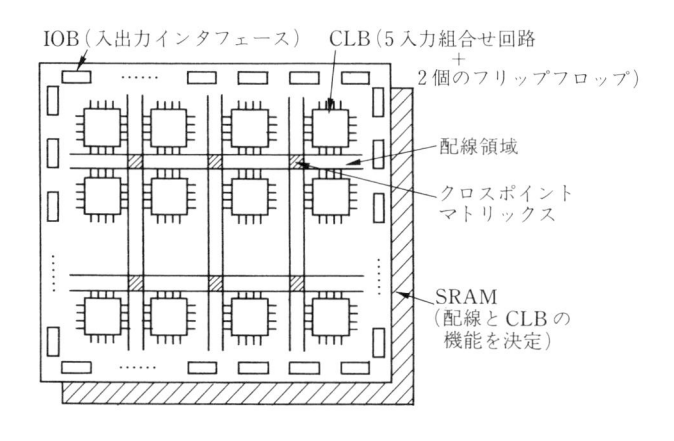

図 *7.10* Xilinx 社の XC4000 シリーズの構成

は5入力のLUT構造を2組持ち，それぞれの出力にFFを接続した構成です。このCLBをチップ上に2次元アレイ状に配置し，その間には多数の配線を縦横に配置した配線領域を設けます。この交差点にはプログラマブルなスイッチを置きます。CLBの入出力を配線領域中の配線に接続し，プログラマブルなスイッチを経由して他のCLBと接続することで，大規模な論理回路の実現が可能です。ここで，CLBと配線との接続およびプログラマブルなスイッチは，2章で紹介したパストランジスタロジックやトランスミッションゲートで実現されます。このゲートのON/OFF制御およびLUTの内容はFPGAのチップ上に分散されたSRAMなどの記憶素子によって保持されます。この記憶素子上の情報は，回路構成を決定することから回路構成情報 (configuration data) と呼びます。

　FPGAとCPLDは，構造の違いにより，対象とする回路に対し向き不向きがあります。FPGAの基本論理素子間の配線は，複数のプログラマブルスイッチを経由して行われます。この配線の接続はトランスミッションゲートなど半導体素子を用いて行われるため，遠隔に配置された基本論理素子との接続を行う場合に遅延が大きくなります。この遅延は配置に影響されるので，配置配線をやってみなければ予測することは難しいです。これに対し，CPLDは，スイッチングマトリクスの遅延が小さく，ある程度は予測可能である利点があります。一方，FPGAは，多数の小さな論理ブロックから回路が構成されるため，レジスタを多く用いたり，複雑なデータの流れをもつ回路をCPLDに比べて効率よく実現することができます。しかし，最近はFPGA側でも配線遅延を少なくする努力が行われ，さらにCPLDもスイッチングマトリクスの2次元化や論理ブロックを小さくする試みも行われているため，両者の境界はあいまいになりつつあります。

7.2.2　デバイス技術

　かつての簡単なPLDはBJTを用いていましたが，最近のPLDはCMOS技術を用いるものが多くなっています。FPGAやCPLDはゲート数も大きい

ので，ほとんど CMOS 技術に基づいています。

　FPGA や PLD では「配線や基本論理素子をプログラムする」必要があります。これをどのようにして実現するかが，各種 FPGA や PLD を理解するうえでの鍵になります。

　現在，配線を変えるための技術としておもに用いられているのはつぎの三つです。

(1) アンチヒューズ形：アンチヒューズはヒューズの反対で，外部からの電圧によって，切れるのではなく導通してしまう性質をもっています。アンチヒューズ形は，これを用いて配線のプログラムを行う技術で，サイズと抵抗が小さいため，高速動作，高集積が可能ですが，一度配線したプログラムは二度と変更できません。したがってこれらを用いたデバイスはワンタイムプログラム形になります。Quicklogic 社の pASIC，Actel 社の ACT がこれらを用いている代表です。

(2) EEPROM 形：6 章で紹介した EPROM 同様，フローティングゲートに負電荷を与えることで配線の接続/開放をプログラムします。従来形の EEPROM に加えて最近はフラッシュ ROM を利用した製品も登場しています。AMD 社の MACH，Lattice 社の pLSI，Altera 社の MAX シリーズがこれにあたります。なん度もプログラム可能で，電源を切っても構成情報は消えません。この形は，構造上プロダクトターム方式に向いており，主として SPLD および CPLD で用いられます。

(3) SRAM 形：6 章で紹介した SRAM に配線データを蓄えて，これでトランスミッションゲートを制御することで配線を接続/開放します。このタイプは，電源を切るとメモリ中の構成情報が消えてしまうため，電源投入のたびに回路構成情報を設定しなおしてやる必要があります。毎回データを送るのは面倒ですが，基板につけたままの状態で，高速に回路構成情報の入れ換えができる利点があります。この形は，LUT を用いた大規模 FPGA に向いており，最近，最も急速な勢いで発達しています。

7.2 CPLD と FPGA

いままで紹介してきた代表的なプログラム可能なデバイスをまとめて図 **7.11** に示します。それぞれ集積度，動作速度，使いやすさなどに特徴があることがわかります。

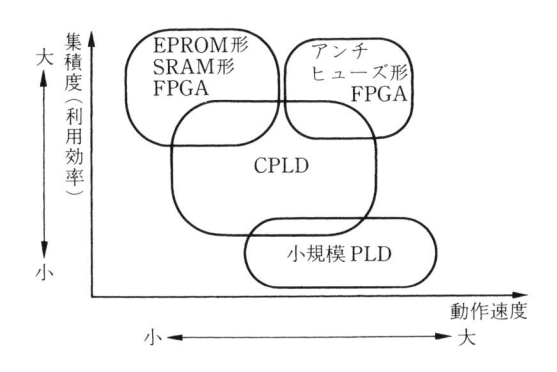

図 7.11 SPLD/CPLD/FPGA の特徴

なお，これらのデバイスの電気的特性は2章で紹介した CMOS と同じです。ただし，最近の FPGA は低電圧化が進んでおり，この点のみ注意が必要です。この辺は章末問題を参考にして下さい。

7.2.3 最近の FPGA

SRAM 形の FPGA は集積度が大きく，大規模構成に向くことから 1990 年代に Xilinx 社の XC4000 シリーズ，Altera 社の FLEX10K シリーズなどが急速に普及しました。2000 年代に入って，構成を階層化をしてさらに大規模化するとともに SRAM，乗算器，クロック制御用素子 (DDL) を内蔵した新しい世代の製品が登場しました。Xilinx 社の Virtex，Altera 社の APEX[11] などがこの代表です。Xilinx 社の Virtex の構造を図 **7.12** に示します。Virtex は，まず，4入力1出力の LUT の出力にフリップフロップを2セット設け，スライスと呼ばれる基本構造を作ります。このスライスを4セット接続して一つの基本要素 CLB を構成します。この CLB を縦に並べて任意の論理回路を実装することができる領域を作るとともに，一定の間隔で内蔵 SRAM，乗算器

158   7. PLD と FPGA

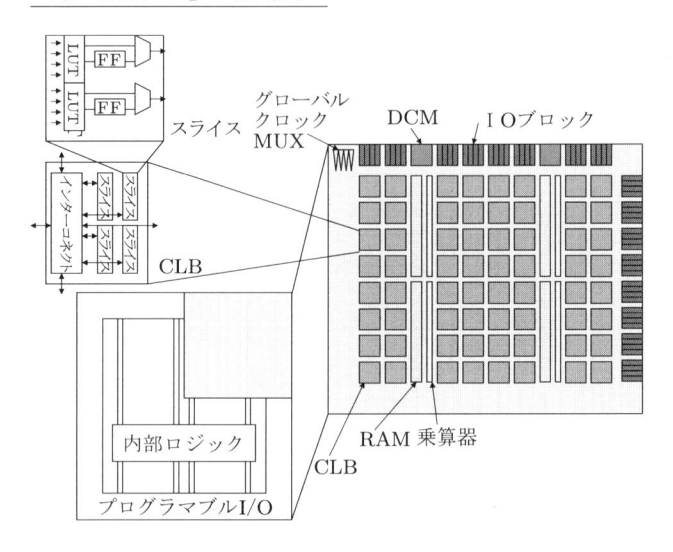

図 **7.12** Xilinx 社の Virtex の構造

を配置します。さらに 32bit CPU，接続用の高速リンク等を内蔵しています。FPGA 上の CLB を組み合わせることで，乗算器や CPU を実装することはできるのですが，このようにして構成すると，配線遅延等により，専用の CPU や乗算器よりも性能，面積の点で劣ったものになります。

　しかし，最近のチップに内蔵された CPU や乗算器は，チップ上にその部分だけ作り込みでレイアウトされているため，専用チップと同等の動作速度が小さい面積で実現できます。このようにレイアウトまで作り込まれたチップ上の機能要素をハードコア IP(interectual property) と呼びます。これに対して，設計データのみ決まっており，それぞれの FPGA 上で CLB を用いて実装する機能要素をソフトコア IP と呼びます。ハードコア IP を活用すれば，ネットワークコントローラなど，従来一つあるいは複数の基板上に実装されたシステムをまるごと，1 チップ上に実装して高速動作させることが可能となります。このようにプログラマブルなチップ上に，内蔵されたハードコア IP と，CLB を利用したソフトコア IP，目的に特化された論理回路を組み合わせてシステムをまるごと実装することを SoPD(system on a programmable device) と呼

びます。

　これらの FPGA は，すでに規模の点では専用 IC に負けない大規模なものが利用可能ですが，数量が多い場合のチップ単価と，動作速度の点で専用 IC にはかないません。このため，製造台数の少ない製品や開発用がおもな目的でした。しかし，最近になって Xilinx 社の SPARTAN シリーズなど低価格の製品，Altera 社 Stratix シリーズなど高速性を重視した製品が登場し，量産品や高性能製品の分野でも専用 IC を脅かしています。一方で，FPGA 上で動作した回路をスムーズに専用 IC に変換する枠組みや，専用 IC の一部に PLD を用いる方式も現れ，両者の関係は複雑になりつつあります。

7.2.4　FPGA や PLD の設計

　FPGA や PLD 上で実現するディジタルの設計には，パーソナルコンピュータやワークステーション上で動作する CAD ツールを利用します。さまざまな種類のツールを組み合わせて用いる場合も多いですが，FPGA/PLD ベンダは一通りの設計が可能なツールセットを揃えた設計環境を提供しています。

　最も一般的には，まず Verilog-HDL や VHDL などのハードウェア記述言語（HDL）で RTL(register transfer level) で回路の機能を記述し，論理シミュレーションで機能を検証します。正しく動作することが確認できたら，論理合成を行い，ゲートレベルの論理回路を生成します。この段階でも論理シミュレーションを行い，機能と動作周波数を確認したら，配置配線を行い，構成情報を生成します。最後の段階が最も時間がかかり，大規模な FPGA の配置配線には最新のパーソナルコンピュータを使っても数時間以上かかる場合があります。また，最近は C レベルの設計も盛んになっており，Celoxica 社の Handel-C など，FPGA の設計をおもな目的とした記述言語も登場しました。

　FPGA は配線遅延が大きいため，設計した FPGA がどの程度の速度で動作するかは，配置配線が終わった時点でないとわかりません。したがって，配置配線の時点で所定の動作周波数が達成できない場合には，設計を変更したり，配置に変更を加えたりして最適化を行います。回路の動作周波数の計算の原

160　7. PLD と FPGA

理は 5 章で紹介した方法と同じですが，もちろん CAD が自動的にやってくれます。

生成した回路構成情報を FPGA や PLD に書き込む操作は，SRAM 形の場合，電源投入時に外部のフラッシュメモリなどからシリアル線または 8 bit 程度のパラレル線を使って送ります。EEPROM 形，フラッシュメモリ形，アンチヒューズ形は ROM 同様，ある程度の高電圧を与えて，アンチヒューズを導通させたり，フローティングゲートに負電荷を与えます。アンチヒューズ形を除いて，最近のデバイスは基板に搭載したまま，回路構成情報の設定を行うことが可能です。

章 末 問 題

(1) 図 7.13 に示す LUT とプロダクトターム方式の論理基本要素について以下の問いに答えよ。

(a) C=1, B=1, A=0 のときの LUT の出力はどうなるか。

(b) LUT と同様の機能を実現するためのプロダクトターム方式の接続はどのようにすればよいか，図に書き入れよ。

(2) 図 7.14 はフィードバックループ付きのプロダクトターム方式の論理基本要素である。S=1 のとき，00→10→11→00→... と数え，S=0 のときには停止するカウンタを実現するには，どのように接続すればよいか。図に書き入れよ。

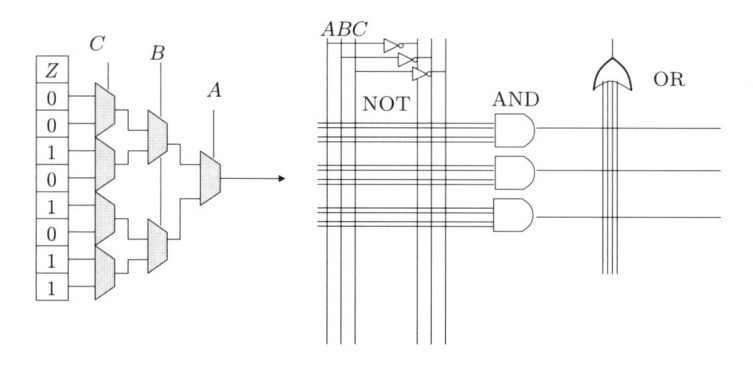

図 7.13

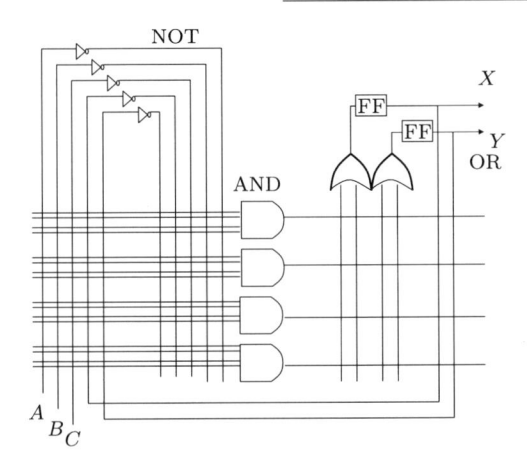

図 7.14

(3) 表 7.1 は、ある SPLD の静特性を示す。3.3V 動作時について以下の問いに答えよ。

(a) ノイズマージンを計算せよ。

(b) ファンアウトを計算せよ。

表 7.1 SPLD の静特性

パラメタ	条件	min	typ	max	単位
V_{OH}	$I_{OH} = -100\mu A$	$V_{CC}-0.2$			
	$I_{OH} = \max$	2.4			V
V_{OL}	$I_{OL} = 500\mu A$			0.2	
	$I_{OL} = \max$			0.4	V
V_{IH}		2.0			V
V_{IL}				0.8	V
I_{IL}				-100	μA
I_{IH}				10	μA
I_{OH}				8	mA
I_{OL}				-8	mA

8 LSI設計へ向けて

　PLD，FPGA で実現困難な高速，低消費電力が要求される場合や，大量に使うことが予想されて低コストで実現する必要がある場合，目的別に専用 LSI(large scale intergrated circuit) を作るのが一般的です．このように，用途に合わせて設計する IC のことを ASIC（application specific IC）と呼びます[5]．ここでは ASIC の開発にあたっての回路周辺の基本知識をまとめます．

8.1 IC の外見と中身

8.1.1　パッケージ

　IC チップは，外見からして図 8.1，図 8.2 のようにさまざまな形状をしています．後に述べる TCP を除くほとんどの方式ではパッケージの中央には，四

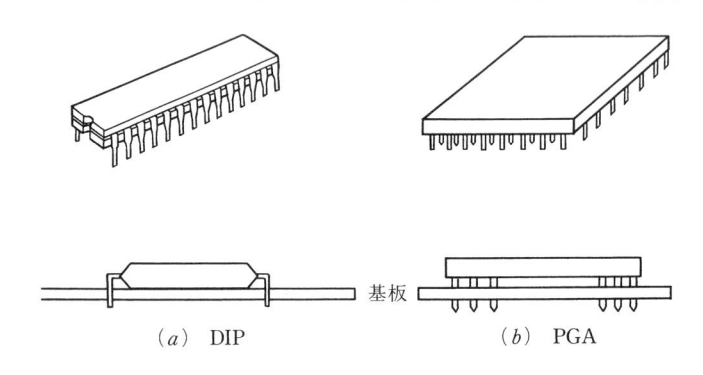

(a) DIP　　　(b) PGA

図 8.1　DIP と PGA

8.1 ICの外見と中身

SOP SOJ

QFP QFJ

リード

(a) フラットパッケージ　　(b) チップキャリヤ

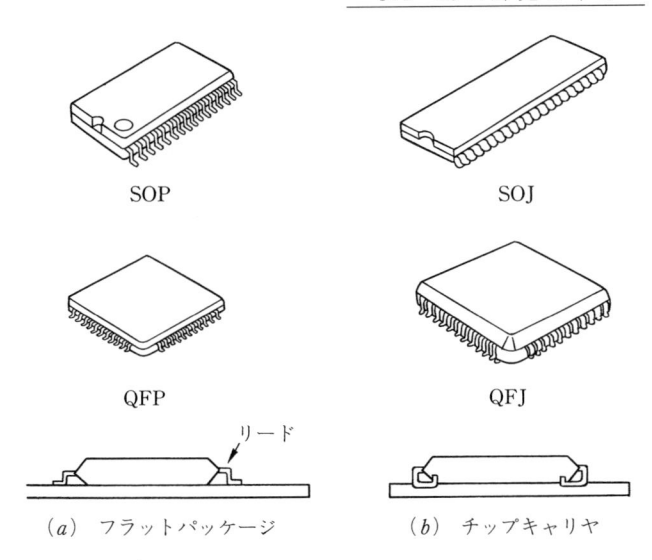

図 8.2 表面実装用のパッケージ

角形のICチップ本体が格納されており，チップ本体の周辺にある入力用パッドからパッケージのピンまでリード線により配線が行われています．

〔1〕 **DIP（dual inline package）**

図8.1 (a) のように両側にピンをもつパッケージで，ピン数が少ない（多くても64ピン程度）ことから小規模のICに限られます．2, 3章で紹介した74シリーズのIC，6章で紹介したEPROM，7章で紹介したGAL等はおもにこのパッケージに入っています．

〔2〕 **PGA（pin grid array）と BGA（ball grid array）**

図8.1 (b) に示すように正方形のチップ底面に，生け花の剣山のようにピンを出す方式で，収容可能なピン数（400ピンから500ピン），放熱特性が最も優れているため（不足する場合，放熱器をパッケージ上に取り付けます），マイクロプロセッサ，大規模FPGAなど大きなサイズのLSIを収納します．最近は，図8.3に示したPGAのピンの代わりにハンダボールを用いて，基板上に貼付ける形で実装するBGA(ball grid array)がよく用いられます．BGAはPGAよりパッケージのコストが安く，表面実装が可能なので，基板上での高

図 8.3 BGA の例

集積度実装を達成することができます。

〔**3**〕 **フラットパッケージ**

図 8.2 (a) のようにぺっちゃんこなパッケージの両側または四方にピン（この場合はリード）をもつものを指し，両側にリードをもつものを SOP（small outline package），正方形に近い形で四方にリードをもつものを QFP（quad flat package）と呼びます。このパッケージを使うためにはプリント基板の表面上にハンダ付けする表面実装の技術が必要となりますが，ピンの間隔を細かくすることができるので高密度実装が可能です。最近は 2,3 章で紹介した 74 シリーズも表面実装に対応するためフラットパッケージがよく用いられます。6 章で紹介した DRAM の多くは SOP で，FPGA や ASIC で多く用いられるのは QFP です。QFP はピン数は 250 ピン程度まで可能で，かなり大規模な LSI を収納することができます。プラスチックのものは放熱特性があまりよくないため消費電力が 1 W 程度に制限されるので，それ以上ではセラミックのタイプを用います。

〔**4**〕 **チップキャリヤ**

フラットパッケージ同様，薄く平たいチップ形状をしていますが，フラットパッケージが基板面に張り付けられる形でリードが出ているのに対し，チップキャリヤはチップの側面に貼りつくようにリードが出ています（図 8.2 (b)）。リードを内側に J 字形に曲げ込んだタイプ（おもにプラスチックを使い PLCC : plastic leaded chip carrier と呼ばれています）と，リードがなく，金属面が露出しているタイプ（おもにセラミックを使い LCCC : leadless ceramic chip carrierと呼ばれています）に分かれます．ASICで一般的なのは前者で，フラットパッケージ同様，両側にリードをもつSOJ (small outline j-leaded package) と四方にリードをもつQFJ (quad flat j-leaded package) に分かれます．表面実装でチップをじかにハンダ付けすることができるとともにソケットを用いることも可能です．

〔5〕 TCP（tape carrier package）

いままで紹介したパッケージでは中央のICチップ本体に対し配線を行いましたが，最近チップをプラスチックのフィルム上に作り，これをじかにパッケージに固定してリードを引き出す技術（TAB：tape automated bonding）が発達してきました．TCPはTAB用のパッケージで，直線的にリードを引き出します．多数のリードを容易に設けることができ，放熱特性もよいです．

8.1.2　ウェーハとダイ

それではパッケージ中央のチップ本体はどのようにして製造されるか簡単に解説します．純度の高いシリコン半導体は，製造されたとき直径7〜10 cm程度の円柱状をしています．この円柱を輪切りにして，薄い円板を切り出します．この板をウェーハ（wafer）と呼びます．ウェーハ上に四角形のICチップ本体を図 *8.4* に示すように多数作ります．この四角形のチップ本体をダイ（die：サイコロ＝diceの単数形）と呼びます．

ダイ上に2章で紹介したレイアウトに従ってトランジスタが多数形成され

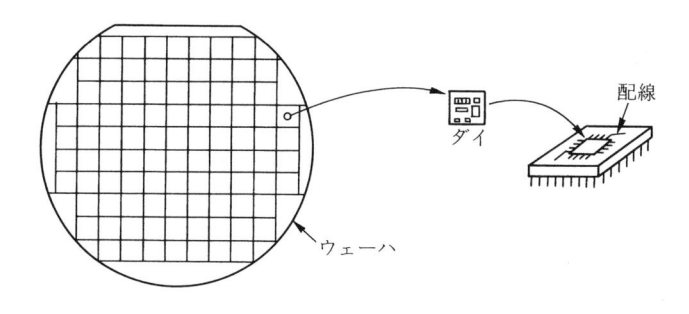

図 *8.4*　ウェーハとダイ

ディジタル回路を作っていくわけです．同一のウェーハ上には同一のダイが並ぶのが普通です．ダイの大きさは，内部にもつトランジスタの数によって決まり，最近では一辺が2〜3 cmもあり，2000万にも及ぶトランジスタが搭載されるサイズのダイが実際に使われています．2章で紹介したように，トランジスタが何個ダイ上に載るかは，微細加工技術に依存し，微細加工の最小単位で表されます．2004年現在，$0.18\mu m$から$0.09\mu m$程度のCMOSプロセスが一般的に用いられます．この微細加工技術が発達して最小単位が$1/K$になると，集積度はK^2倍になり，また，電圧を$1/K$に下げることができるため，動作速度はK倍，消費電力は$1/K^2$になるといわれています．このことを半導体のスケーリング則と呼びます．しかし，最近は微細加工技術が極限まで進んだ結果，配線遅延が支配的になり，また漏れ電流も無視できなくなったことから，従来のように，スケーリング則は成り立たなくなっています．

さて，一つのウェーハ上のダイがすべて使えるかというとそうではありません．ウェーハ上にある細かい割れ目，細かいホコリやゴミなどにより，トランジスタや配線がうまく形成できない場合があります．半導体を作る場合の全体のダイの数に対する良品の比率を歩留まり（yield）と呼びます．ご存じの方も多いと思いますが，半導体の製造は，クリーンルームというホコリやゴミの少ない空間で細心の配慮をもって行いますが，それでもダイのサイズが大きいほど歩留まりは悪くなります．ダイのサイズが大きいと，一枚のウェーハから取れる個数が減るとともに，歩留まりも悪くなるため，コストが急激に大きくなってしまいます．一般的には，半導体のコストは面積の4乗に比例するといわれています．

8.2 LSIの設計方式

LSI，特にASICは最近ほとんどCMOSですが，問題はそのマスクパターン（2章参照）をどのように作るかで，方式により設計の手数がひどく違います．

8.2 LSIの設計方式

〔1〕 フルカスタム (full custom)

2章で紹介したCMOSトランジスタのレイアウトパターン設計すべてを基本的には人手を介して行う方式です。熟練者が設計すれば最大の性能と集積度を得ることができますが，開発時間，費用がかかるため，大量に作るものでないと引き合いません。高性能のマイクロプロセッサなどは一部がフルカスタム方式で作られる場合があります。

〔2〕 セルベースド (cell based)

IC上での基本的な論理要素，つまりゲートやFF，あるいはメモリに対応する部分をセルと呼びます。セルベースドICは，人手を介してレイアウトした部分（カスタムセル）を使ったり，あるいは全体の配置を人手で行いますが，セル間の配線等は自動配線用CADを用いる方式です。フルカスタムほど開発費用は要せず，まずまずの性能，集積度が得られるので高性能の目的別LSIによく用いられます。フルカスタムに対してセミカスタム (semi-custom) と呼ばれる場合があります。

図 8.5 (a) に示すように，すでに作られている高さのそろったライブラリセルを直線状に並べる方式（スタンダードセル方式と呼ばれる場合があります）や，図 (b) のようにマイクロプロセッサCPU，メモリなどの形状の異なるハードコアIPを自由に配置する方式（ビルディングブロック方式と呼ばれる場合があります）があります。

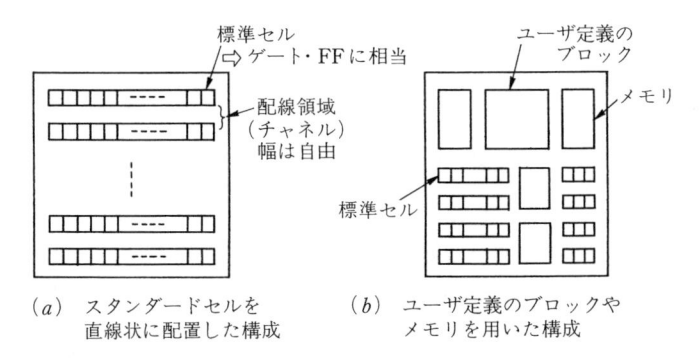

(a) スタンダードセルを直線状に配置した構成

(b) ユーザ定義のブロックやメモリを用いた構成

図 8.5　セルベースドICの構成

168 8. LSI設計へ向けて

最近は，7章で紹介したようにさまざまなハードコアIPを用いて，携帯電話や情報家電などに用いられるディジタルシステムをまるごと一つのASICに格納してしまうSoC(system on a chip)，あるいはシステムLSIと呼ばれるICの開発が盛んになっています。多くのシステムLSIは，このセルベースド方式を採用します。

〔3〕 ゲートアレイ（gate array）

基本的なマスクの構造（well，拡散層，ポリシリコン等）はすべて最初に決定されており，コンタクトと配線層のマスクのみを設計します。すなわちこの方法ではトランジスタの大きさや場所がすべて決まっており，その間の配線のためのマスクパターンを作ることによりICの機能を決定するわけです。

図 8.6 (a)は，古典的な方式で，2章で紹介したゲートのレイアウトを横方向に並べたセル領域と配線領域（チャネルと呼びます）を交互に設けた方式です。しかし，この方式はセルを横方向に並べることしかできません。そこでこれに代わってIC全面にゲートをしきつめる方式（SOG：sea-of-gates，ゲートの海）が主流になってきました。

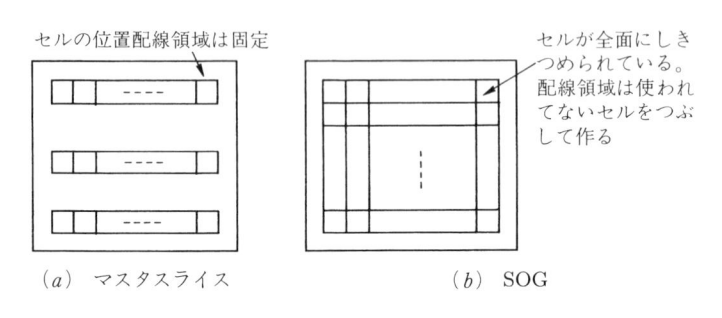

図 8.6 ゲートアレイの構成

SOGの配線領域は，セルの領域をつぶして確保します。この部分のトランジスタは利用されないので，無駄が多いような気がしますが，このことにより，配線領域の形状を自由に（といっても基本セルの大きさ単位にですが）変えることができ，場合によってはセルベースドに近い集積度を得ることができ

ます．ゲートアレイでは通常メーカの供給するライブラリセルを使います．ライブラリには74シリーズ同様，さまざまなゲートやフリップフロップが用意されているので，設計者はゲートレベルで設計を行い，レイアウトは完全にCADによる自動配置配線におまかせしてしまいます．

SOGの中でも一部の領域に，CPUやメモリなどのハードコアIPを作り込んでしまう方法もあります．ハードコアIPはレイアウトが最適化されているので，SOG上のゲートを組み合わせるよりもはるかに高集積度，高性能を達成可能です．このようにハードコアIPを組み込んだゲートアレイのことをエンベッデッドアレイと呼びます．エンベッデッドアレイは，開発期間が短く，IPをうまく使えば高い性能を達成できることからセルベースドと並んでシステムLSIの開発に用いられます．

図8.7にエンベッデッドアレイのレイアウト例を紹介します．このレイアウトは，並列計算機の分散メモリ制御用のプロセッサで，周辺部にメモリを多数設け，中心部に論理ゲートによりプロセッサを実現しています．

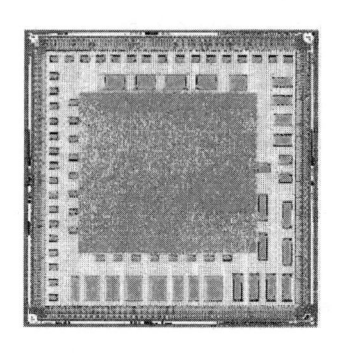

図 **8.7** エンベッデッドアレイのレイアウト例

8.3 LSI 開発工程

LSIの開発は1章で最初に示した開発フローと同様，多くの工程をふみ，それぞれの段階で検証を必要とします．幸いなことにゲートアレイ方式のASIC

では開発工程の後半のほとんどは自動化されています。

〔1〕 要求仕様設計

要求される性能と許されるコストから利用するチップの最大ゲート数，動作周波数，許容ピン数，パッケージ，許容発熱量を見積もります。設計が進むにつれて当初予定したチップではサイズや性能が足りないと，開発計画の大幅変更が必要になります。したがって，この段階できちんと見積もることが重要です。本書で紹介したCMOS，BJT，BiCMOSの動作周波数の計算や消費電力の知識はこのレベルと最も関係があります。最近のシステムLSIでは，内蔵しているマイクロプロセッサ上のプログラム（ソフトウェア）と，周辺の論理回路（ハードウェア）が協調して一つの処理を行うため，全体の仕事に対してうまく分担することが必要です。最近は，これを設計の早い段階で同時並行的に行うハードウェア／ソフトウェア協調設計技術が発達し，システム全体をC言語に似た構文を持つシステム設計言語(system-Cやspec C)で設計し，ソフトウェアとハードウェアを含めてシミュレーションし，機能を検証します。

〔2〕 レジスタトランスファレベルの設計

システム全体のブロック構成とデータの流れを決めます。7章で紹介した通り，Verilog-HDL，VHDLなどのハードウェア記述言語（HDL）による設計が行われ，記述された機能をすぐに機能レベルのシミュレーションをして動作を検証することができます。この段階では，遅延時間はあまり正確に考えず，論理的な動作のみを検証します。

〔3〕 論理レベルの設計

検証済みのHDLの記述からCADにより自動的に論理合成と論理圧縮を行い，ゲートレベルの回路図を生成します。ここで，各ゲートの遅延とゲート間の配線の遅延を考えて論理シミュレーションを行います。配置配線はまだ実際に行っていないので，この段階の遅延時間はあくまで仮のものです。そこでこのシミュレーションを仮配線シミュレーションと呼びます。機能レベルの設計では正確に遅延を考慮しないので，この段階で，記述を変更したり，論理合成／圧縮の段階を工夫したりして，仕様に合う動作速度や消費電力が得られるよう

に設計を手直しします。半導体のばらつきを考慮して，仮配線シミュレーションは標準遅延，遅延時間が少ない場合（多くは 20 %），最悪の遅延時間（多くは 180〜200 %）の条件ですべて正しい結果が出るまで設計の手直しを続けます。

2 章で紹介した CMOS のゲートは，74 シリーズのようにチップになってしまったものどうしを接続する場合には，容量負荷による遅延時間の増大はあまり考えなくても済みますが，チップ内の設計ではこれが大きく効いてきます。また，場合によっては回路の動作する部分を必要最小限に抑えて消費電力を小さくする設計も必要になります。

〔4〕 テストベクトルの設計

先に紹介したようにダイには必ず製造不良の可能性がありますから，製造したダイがきちんと動作するかテストしてやる必要があります。実際のチップができたとき，検査に用いるテスト用の入力信号パターンとその入力により得られるはずの出力パターン（テストベクトルまたはテストパターンと呼びます）を作成します。さらに，そのパターンですべてのゲートの検査がうまくいくかどうかの故障シミュレーションを行います。

検出率の高いテストベクトルは設計したディジタル回路の動作の詳細を把握していないと作れないので，テストベクトル生成に多大な時間がかかります。このため最近は，回路中の FF に診断用機能を組み込み，自動的に良品かどうかテストする機能が組み込まれているものもあります。

〔5〕 配 置 配 線

ゲートアレイの場合，配置配線はほとんどすべて自動的に CAD が行います。セルベースドでは一部人手で制御を加える必要があります。フルカスタムでは配置は基本的に人手で行い，部分的に自動配線を用います。終了後，実際の配線遅延を用いた論理シミュレーションによりテストベクトルを用いて動作を検証します。これが最後の関門で，このシミュレーションを実配線シミュレーションと呼びます。仮配線シミュレーション同様 3 種類の遅延時間ですべて正しい結果が出ることを確認します。最近は微細加工技術の進展とともに配

線遅延が支配的になり，実配線遅延と仮配線遅延の差が大きくなっており，サイズの大きなチップでは配置配線工程が特に重要になっています。

〔6〕 チップの製造

設計したマスクパターンにより，チップを製造し，テストベクトルを用いて製品検査を行います．まず，サンプル出荷といって少数のチップを製造し，これを実際の基板上でテストします．ここで初めて自分の設計した LSI を手に取ることができます．テストの結果が良好ならば，大量生産に移ります．

9 回路シミュレーション

本書では，FET，トランジスタ，ダイオードなどをさまざまなレベルでモデル化して，動作の解析を行ってきました。しかし，いままでの方法では静特性はともかく，動特性を定量的に求めるのは不可能です。より厳密に解析するには，きちんとした等価回路を用いて回路の方程式を立てて，それを解く必要があります。ところが，ディジタル回路は本質的に非線形性が強く，等価回路の方程式も非線形になってしまい人手で解くことは不可能です。このため，計算機を用いて数値計算により解く手法が用いられます。このような方法を，回路シミュレーションと呼びます。

9.1 回路シミュレーションの原理

9.1.1 各素子の等価回路

回路シミュレーションを行うためには，まず，各素子の等価回路を作る必要があります。ここで MOS-FET のモデルはかなり複雑なので，ここでは 3 章の BJT のモデルについて検討することにします。

ダイオードは 3 章で紹介したモデル（図 *9.1*）を直接用いることができます。漏れ電流 I_s は，10^{-12}A のオーダになります。

トランジスタについては，ディジタル回路のように飽和状態で用いる場合には，図 *9.2* に示す等価回路が基本です。このモデルは，まずトランジスタを二つのダイオードの背中合わせとして表現し，増幅機能を電流制御電流源を使って表しています。この場合，順方向の α_n はエミッタから流れ出る電流のうち

9. 回路シミュレーション

・ダイオード

$$i_d = I_s \left\{ e^{\frac{q}{kt}(e_A - e_K)} - 1 \right\} \qquad I_s, \frac{q}{kt} : 定数$$

図 **9.1** ダイオードの等価回路

・トランジスタ

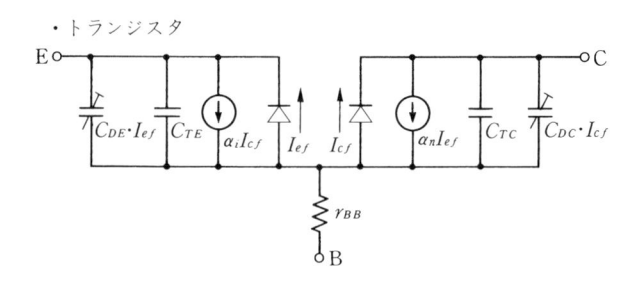

図 **9.2** トランジスタの等価回路

コレクタから供給される割合を表し

$$h_{FE} = \frac{\alpha_n}{1 - \alpha_n}$$

が成立します。多くの場合，0.98 から 0.99 くらい（つまり h_{FE} に直すと 50 〜100）になります。α_i のほうはちょっと変な話ですが，エミッタとコレクタを逆に用いた場合の α_n に相当する定数で，0.45 くらいになります。遅延をいかに表現するかについてはさまざまな方法がありますが，ここで紹介するモデル[†]では，電流によって容量の変化するコンデンサと固定値のコンデンサの組合せで表しています。全体として容量は数 pF に設定します。

このような等価回路を用いると DTL は図 **9.3** のように変換できます。

等価回路による変換を行うと，トランジスタ，ダイオードを含む回路は，非線形抵抗，電圧源，電流源，コンデンサ，線形抵抗からなる回路に落ちます。この非線形回路を数値計算することにより，解析を行うことができます。

[†] Ebers-Moll の等価回路がもとになっており，初期の回路シミュレータ ASTAP で用いられた。

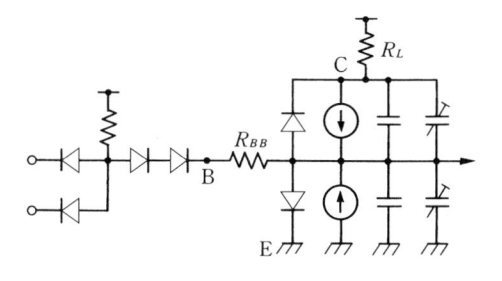

図 **9.3**　DTL の等価回路

9.1.2　節点方程式による解法

ここでは最も簡単な節点方程式による方法を説明します．式を立てること自体はさほど難しくありません．まず，等価回路の各節点について，キルヒホッフの第 1 法則を用いて電流の総和が 0 であるという方程式を立てます．図 **9.4** のスピードアップコンデンサ付き DTL の節点 1 に対応する方程式を図中に示します．

$$-I_s \left\{ e^{\frac{q}{kt}(e_1 - V_{\text{in}1})} - 1 \right\} - I_s \left\{ e^{\frac{q}{kt}(e_1 - V_{\text{in}2})} - 1 \right\} + \frac{1}{R_I}(V_{CC} - e_1)$$

$$-I_s \left\{ e^{\frac{1}{kt}(e_1 - e_2)} - 1 \right\} + C\frac{d}{dt}(e_2 - e_1) = 0$$

節点 2〜5 についても同様に方程式をたてる．

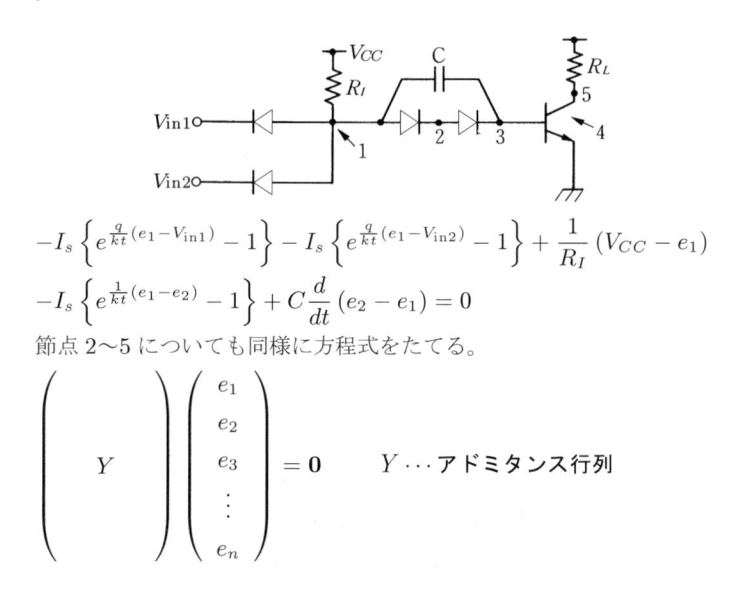

$$\begin{pmatrix} & & \\ & Y & \\ & & \end{pmatrix} \begin{pmatrix} e_1 \\ e_2 \\ e_3 \\ \vdots \\ e_n \end{pmatrix} = \mathbf{0} \quad Y \cdots \text{アドミタンス行列}$$

図 **9.4**　節点方程式

この式をすべての節点について立てて，行列の形に整理するとアドミタンス行列 Y に電圧を掛けて計算した電流の総和が 0 になるという行列式ができあがります。

さて，この方程式は，指数関数，微分演算子を含む非線形連立常微分方程式です。これを数値演算するには以下の手順に従います。

〔1〕 数 値 積 分

非線形連立常微分方程式を数値積分により，各時間ごとに非線形連立方程式を解くように変換します。数値積分法としては，Euler 法，Runge-Kutta 法などが有名ですが，これらは陽解法（explicit）で，非線形性が強くて安定性の悪い電子回路解析に使うと発散してしまって使い物になりません。聞き慣れないとは思いますが，Backward-Euler 法，Trapezoidal 法，Gear 法などの陰解法（implicit）が用いられます。図 9.4 の例について最も簡単な Backward-Euler 法による差分方程式を図 9.5 に節点 1 についての変換例を示します。これは，コンデンサのところの微分演算子を差分演算子に入れ換えただけなので変換自体は簡単です。

$$-I_s \left\{ e^{\frac{q}{kt}(e_1 - V_{\text{in}1})} - 1 \right\} - I_s \left\{ e^{\frac{q}{kt}(e_1 - V_{\text{in}2})} - 1 \right\} + \frac{1}{R_I}(V_{CC} - e_1)$$
$$-I_s \left\{ e^{\frac{1}{kt}(e_1 - e_2)} - 1 \right\} + \frac{C}{\Delta t}\{(e_2 - e_1) - ek_{12}\}$$

（ただし ek_{12} には $t - \Delta t$ における $e_2 - e_1$）

節点 2〜5 についても同様に方程式をたてる。

図 9.5 Backward-Euler 法による差分方程式

〔2〕 非線形方程式の変換

以下は純粋に数値計算の問題になります。まず，非線形連立方程式を Newton 法等の非線形方程式解法を用いて，Jacobian を係数行列とする連立方程式に変換します。この辺は，本書の範囲を超えますので，参考文献 12) 等数値解析の専門書を参照してください。

〔3〕 連立方程式を解く

生成された連立方程式を解きます。電子回路解析の方程式は回路が決まってしまうと変化しない係数が多いので，この点をうまく利用できる LU 分解が用いられることが多いです。

電子回路の方程式は stiff（数値積分の安定性が悪い）かつ sparse（行列で 0 要素が多くしかも不規則）で数値計算上最も性質が悪い例として知られています。このため，収束性を上げたり，計算速度を上げたりするためにさまざまな工夫が行われています。

実際の回路シミュレータでは，より効率的な変形タブロ法を用いて方程式を立てることが多いのですが，解法の困難さは同様です。

参 考 文 献

1) 天野英晴，武藤佳恭:"誰にもわかるディジタル回路 (改定版)"，オーム社 (1992)
2) 猪飼國夫，本多中二:"定本 ディジタルシステムの設計",CQ 出版 (1990)
3) C.Mead, L.Conway:"Introduction to VLSI Systems",Addison-Wesley Pub. Co. (1980)
4) N.H.E.Weste, K.Eshraghian: (富沢孝，松山泰男訳)"CMOS VLSI 設計の原理"，丸善 (1988)
5) 今井正治:"ASIC 技術の基礎と応用"，電子情報通信学会 (1994)
6) "汎用ロジックデバイス規格表",CQ 出版 (2002)
7) http://www.renesas.com/jpn/
8) http://www.tij.co.jp/
9) http://www.toshiba.co.jp/
10) http://www.xilinx.com
11) http://www.altera.com
12) 戸川隼人著 "微分方程式の数値計算"，オーム社 (1973)

本書についての正誤表，付加的情報，授業用スライド等は http://www.am.ics.keio.ac 上に掲示されています．

章末問題解答

2 章

(1) NOR 回路

解表 2.1

A	B	Q_{P1}	Q_{P2}	Q_{N1}	Q_{N2}	Y
L	L	ON	ON	OFF	OFF	H
L	H	ON	OFF	OFF	ON	L
H	L	OFF	ON	ON	OFF	L
H	H	OFF	OFF	ON	ON	L

(2) $Y = \overline{(A + B + C) \cdot D}$ 　　　$z = a \cdot b$

(3) 解図 2.1 のとおり。

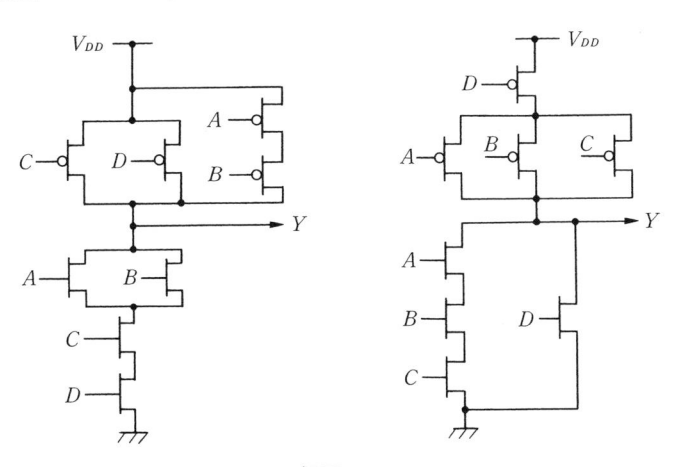

解図 2.1

(4) $V_{DD} = 3.0\text{V} : 0.9 - 0.1 = 0.8\text{V (L)}, 2.9 - 2.1 = 0.8\text{V (H)}$
　　$V_{DD} = 5.5\text{V} : 1.65 - 0.1 = 1.55\text{V (L)}, 5.4 - 3.85 = 1.55\text{V (H)}$

(5) $t_{PHL} + t_{PLH} + t_{PHL} = 7.0 + 8.5 + 7.0 = 22.5$ [ns]

(6) $\overline{A \cdot B + C}$

(7) 略 図 2.20 を参考に。

(8) (a) $0.8 - 0.4 = 0.4\text{V (L)}, 2.2 - 2.0 = 0.4\text{V (H)}$

(b) ファンアウトは $4\,000/5 = 800$ もちろん実装上はこんなにたくさん接続してはならない。

(9) 常温においてそれぞれ (t_{PLH}, t_{PHL}) 単位〔ns〕の順。S : (9.0,8.5), $\bar{E}$: (9.0,9.0), I_0, I_1 : (6.5,6.5), 消費電力は 17 mW(5 V)

(10) $(4.5 \times 2 + 23) \times 10^{-12} \times 3.3 \times 3.3 \times 30 \times 10^6 = 10.5\text{mA}$

3 章

(1) 2.8 V

(2) スレッショルドレベル : 1.8 V, ファンアウト : 57

(3) AC00 はソースロード, シンクロードともに 24mA 流しても十分レベルを維持できる。AS00 の I_{IL} は 0.5mA, ALS00 は 0.1mA。よって $(24-(5 \times 0.5))/0.1 = 215$ 個。もちろん実装上こんなにたくさん接続してはならない。

4 章

(1) S = H のとき $\bar{A}$ を, S = L のとき $\bar{B}$ を選択するデータセレクタ

(2) CMOS 3 ステートゲート。ただし, トランスミッションゲートは駆動能力が通常のゲートより弱い。

解表 4.1

A	B	Y
L	L	Hi-Z
L	H	H
H	L	Hi-Z
H	H	L

Hi-Z:ハイ・インピーダンス状態

(3) $V_{T+} = 3\text{V}, V_{T-} = 1\text{V}$

章末問題解答　**181**

5章

(1) SRラッチ

解表 5.1

S	R	Q	$\bar{Q}$	
L	L	前の状態		
H	L	H	L	
L	H	L	H	
H	H	H	H	(禁止状態)

(2) DラッチはクロックがHで$Q=D$に注意！

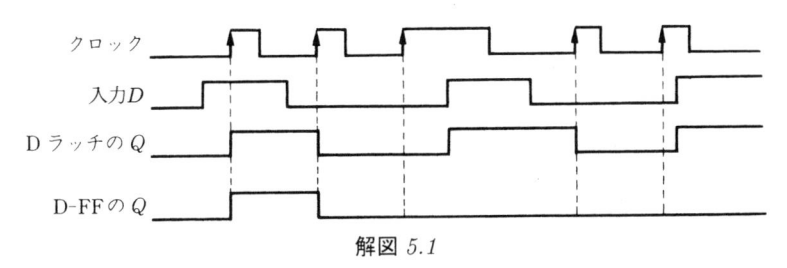

解図 5.1

(3) この場合，立下りで変化すると考えている。

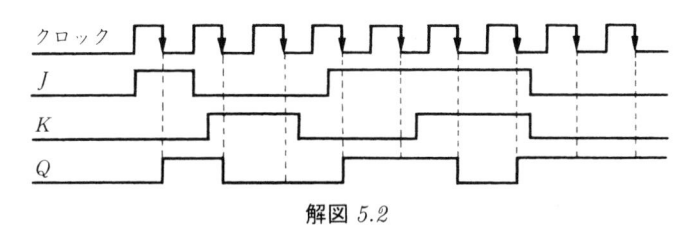

解図 5.2

(4) クロックに同期して入力Dの立下り時に一発パルスを発生する同期微分回路。

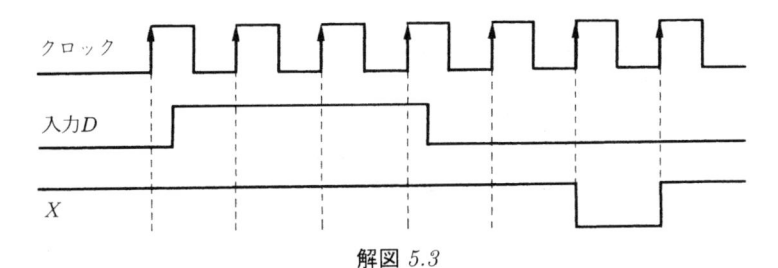

解図 5.3

182　章末問題解答

(5) D-FF からほかの FF への変換は付加ゲートが必要。

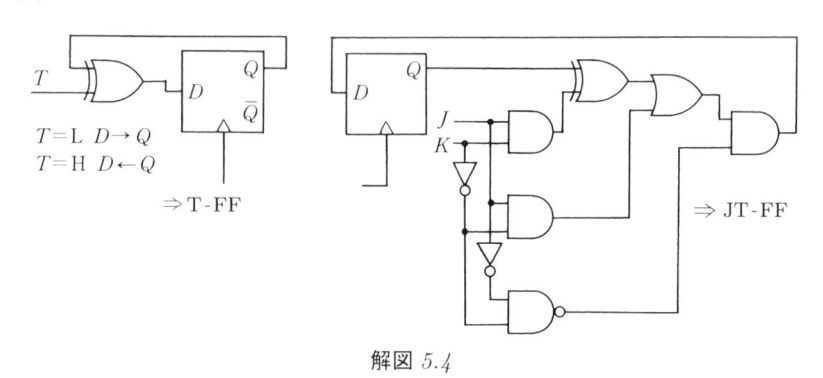

$T=\text{L}\ D\rightarrow Q$
$T=\text{H}\ D\leftarrow Q$

⇒ T-FF

⇒ JT-FF

解図 5.4

(6) ジョンソンカウンタ

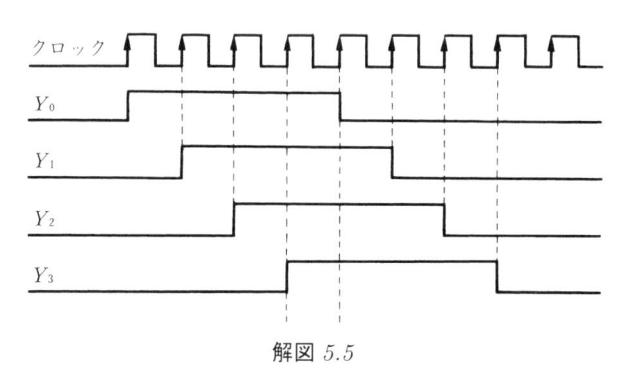

解図 5.5

最大動作周波数：74 MHz

(7) 2進4桁同期カウンタ

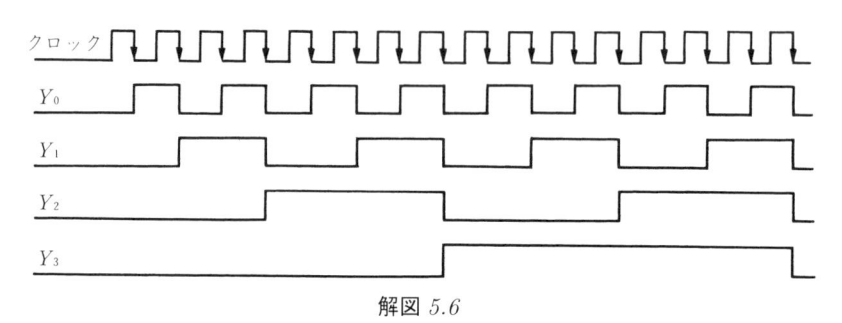

解図 5.6

最大動作周波数：$1/(18 + 2^* (11 + 8) + 15) = 14\ [\text{MHz}]$

章末問題解答　**183**

(8) 解図 5.7 は一例である。

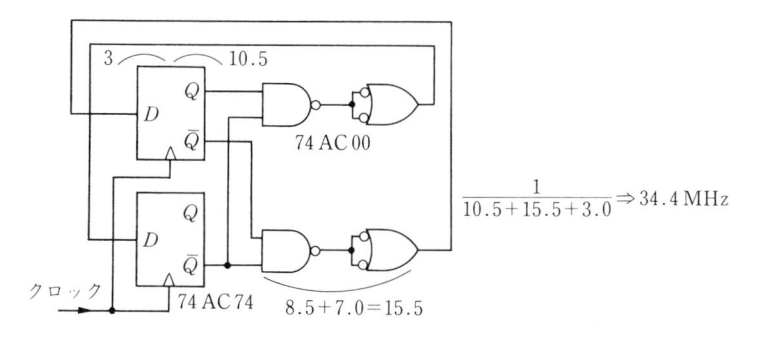

$$\frac{1}{10.5+15.5+3.0} \Rightarrow 34.4\,\mathrm{MHz}$$

解図 5.7

6 章

(1) (a) A_{21}, A_{20}, A_{19} が 000 のアドレス

 (b) A_{21}, A_{20}, A_{19} が 010 のアドレス

 (c) 12 (RAM) +8.5 (AC139) = 20.5nsec

(2) 例えば解図 6.1。アクセスタイムは図中のデバイスを用いれば 7+12 = 19 ns

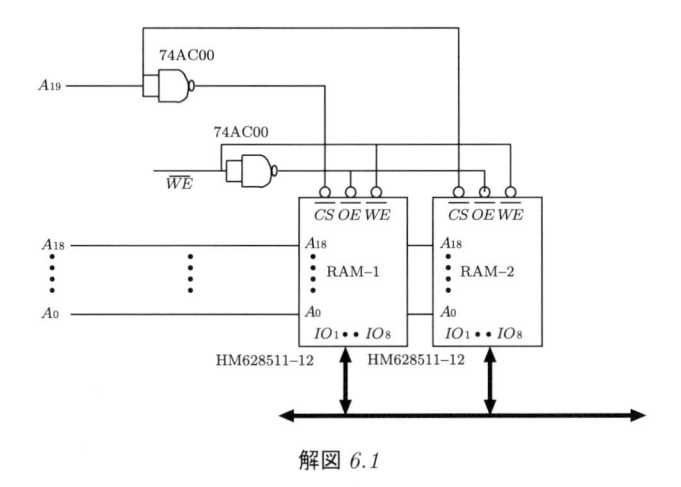

解図 6.1

(3) (a) SDR-SSRAM: 10 クロックで 4 × 4Byte, 133MHz なので 213 MByte/sec,
   DDR-SSRAM: 7 クロックで 8 × 4Byte, 133MHz なので 305 MByte/sec

 (b) SDR-SSRAM: 13 クロックで 8 × 4Byte, 133MHz なので 328 MByte/sec,

DDR-SSRAM: 9 クロックで 8×4Byte, 133MHz なので 474 MByte/sec

(4) (a) $2^{21} \times 8\text{bit} = 2\text{Mbit} \times 8\text{bit} = 16\text{Mbit}$

(b) この場合，加算器はクリティカルパスに入らないので関係ない。クリティカルパスは $80 + t_{pd}(74\text{AC}74) + t_{su}(74\text{AC}74) = 80 + 10.5 + 3 = 93.5\text{nsec}$

7章

(1) (a) 110 は 1 になる

(b) $A\bar{C} + AB + B\bar{C}$ を AND-OR 結線で実現する。

(2) 一桁目の FF の入力を N_0，出力を C_0，二桁目の FF の入力を N_1，出力を C_1 とすると，$N_0 = \bar{S}C_0 + SC_1\bar{C_0}$ $N_1 = S\bar{C_0} + \bar{S}C_1$ を AND-OR 結線で実現する。

(3) (a) $2.4-2.0=0.4\text{V}$ (L), $0.8-0.4=0.4\text{V}$ (H)

(b) $8/0.1 = 80$ (L), $8/0.01 = 800$ (H) よって 80

索　　　　　引

【あ】
アウトプットイネーブル
　端子　　　　　　　　129
アクセス　　　　　　　127
アクセス時間　　　　　127
アダー　　　　　　　　 48
アノード　　　　　　　 59
アーリーライトサイクル
　　　　　　　　　　　134
アンチヒューズ　　　　156

【い】
陰解法　　　　　　　　176

【う】
ウェーハ　　　　　　　165

【え】
エッジトリガ形　　　　119
エミッタ　　　　　　　 65
エンハンスメント形
　FET　　　　　　　　 24
エンベッデッドアレイ
　　　　　　　　　　　169

【お】
オープンコレクタ　　　 91

【か】
回路構成情報　　　　　155
カソード　　　　　　　 59
過飽和状態　　　　　　 72
仮配線シミュレーション
　　　　　　　　　　　170

【き】
キャリヤ　　　　　　　 23
キャリヤ蓄積効果　　　 72
禁止状態　　　　　　　102

【く】
組合せ回路　　　　　　 10
クリティカルパス　　　118
クロックスキュー　　　117

【け】
ゲート　　　　　　　　 15
ゲートレベルの論理設計
　　　　　　　　　　　　4

【こ】
コレクタ　　　　　　　 65
コンタクトホール　　　 33
コンパレータ　　　　　 48

【さ】
サイリスタ　　　　　　 52
サブストレート　　　　 15

【し】
しきい値　　　　　　　 34
システムレベルの設計　 3
実配線シミュレーション
　　　　　　　　　　　171
シュミットトリガ入力　94
順序回路　　　　　　　 12
小規模集積回路　　　　　6
状態遷移図　　　　　　 12

【す】
ショットキーバリヤ
　ダイオード　　　　　 78
シンクロード　　　　40,84

【す】
推奨動作条件　　　　　 38
スタティック RAM　　 125
スタンダードセル方式
　　　　　　　　　　　167
スピードグレード　　　130
スレッショルドレベル　34

【せ】
静電破壊　　　　　　　 52
静特性　　　　　　　　 38
設計ルール　　　　　　 29
絶対最大定格　　　　　 37
セットアップタイム　　115
セミカスタム　　　　　167
セルベースド　　　　　167
センスアンプ　　　　　128

【そ】
ソース　　　　　　　　 15
ソースロード　　　　　 40
ソフトコア IP　　　　 158

【た】
ダイ　　　　　　　　　165
ダイオード　　　　　　 59
大規模集積回路　　　　　6
ダイナミック RAM　　 125
立上り時間　　　　　　 44
立下り時間　　　　　　 44

【ち】

チップイネーブル端子　129
チャタリング　102
中規模集積回路　6
超大規模集積回路　6
超々大規模集積回路　6

【て】

ディプリーション形　24
ディレイドライトサイクル　134
デコーダ　47
テストパターン　171
テストベクトル　171
データセレクタ　48
電源リング　33
伝搬遅延時間　45

【と】

同期形 DRAM　139
同期形 SRAM　132
同期式順序回路　12, 107
動特性　38
トグル動作　111
トーテムポール形　75, 91
トライステート出力　92
トランスファーゲート　21
トランスミッションゲート　20, 21
ドレーン　15, 91

【の，は】

ノイズマージン　39
ハイインピーダンス状態　92
バス　90
バースト転送　138
バスドライバ/レシーバ　97
パストランジスタロジック　20
ハードウェア/ソフトウェア協調設計技術　170
ハードコア IP　158
半導体のスケーリング則　166
汎用ロジック IC　37

【ひ】

非同期形 SRAM　132
ヒューズ ROM　143
ビルディングブロック方式　167

【ふ】

ファンアウト　34, 84
歩留まり　166
プライオリティエンコーダ　48
フラッシュ ROM　143
プリチャージ　132, 137
フルカスタム　167
プロダクトターム方式　148
フローティングゲート　144

【へ】

ベース　65
ベース ON 電圧　67
変形タブロ法　177

【ほ】

ポリシリコン　27
ホールドタイム　115

【ま】

マイナーキャリヤ　23
マスタスレーブ形　119
マルチエミッタトランジスタ　73
マルチプレクサ　48

【め】

メタステーブル　116
メタル層　29

【よ】

陽解法　176

【ら】

ラッチアップ　52

【り】

リフレッシュ　133, 138

【れ】

レジスタトランスファレベルの設計　3
レベルシフトダイオード　70

【わ】

ワーストケースデザイン　38
ワンタイム ROM　143

【A】

ALS シリーズ　79
AS シリーズ　79
ASIC　162

【B】

BGA　163
BiCMOS　7, 87
BJT　7, 65

【C】

CAD　3
CMOS　7
CPLD　153

索　引

【D】

D-フリップフロップ	108
D ラッチ	104
DC 特性	38
DDR-SDRAM	140
DIP	163
DLL	140
DRAM	125
DTL	70

【E】

ECL	7
EEPROM	143
Enable 付き D-FF	113
EPROM	143

【F】

F シリーズ	79
FeRAM	145
FPGA	154

【G】

GaAs	8

【H】

HDL	3

【I】

I/O パッド	33

【J】

JK-FF	110

【L】

LCCC	164
LS シリーズ	79

LSI	6, 162
LUT	152

【M】

M-DTL	71
MIL 記号法	8
MOS-FET	7, 15
MRAM	145
MSI	6

【N】

nMOS	7, 16
npn 形	65

【O】

ON 電圧	61

【P】

PGA	163
PLA	150
PLCC	164
PLD	8, 147
pMOS	16
pn 接合	60

【Q】

QFJ	165
QFP	164

【R】

RAM	125
ROM	125
RWM	125

【S】

S シリーズ	79
SDRAM	139

SDR-SDRAM	141
SoC	168
SOG	168
SOJ	165
SOP	164
SoPD	158
sparse	177
SPLD	153
$\overline{S}\overline{R}$ ラッチ	101
SRAM	125
SSI	6
SSRAM	132
stiff	177

【T】

TAB	165
T-FF	112
TTL	7, 72

【U】

ULSI	6
UV-EPROM	143

【V】

VLSI	6

3 ステート	92
3 ステート出力	92
74 ALVT シリーズ	88
74 BCT シリーズ	88
74 BC シリーズ	88
74 LVT シリーズ	88
74 シリーズ	78

―― 著者略歴 ――

1986 年　慶應義塾大学理工学部博士課程修了
　　　　　工学博士
1986 年　慶應義塾大学助手
1989 年　Stanford 大学客員講師
1993 年　慶應義塾大学助教授
2001 年　慶應義塾大学教授
2024 年　慶應義塾大学名誉教授
　　　　　東京大学大学院工学系研究科附属システムデザイン研究センター上席研究員
　　　　　現在に至る

ディジタル設計者のための電子回路（改訂版）
Electronics Circuits for Digital System Designers (Revised Edition)

© Hideharu Amano 1996, 2004

1996 年 12 月 5 日　初版第 1 刷発行
2004 年 9 月 30 日　初版第 5 刷発行（改訂版）
2025 年 11 月 10 日　初版第 14 刷発行（改訂版）

	著　者	天　野　英　晴
検印省略	発行者	株式会社　コロナ社
		代表者　牛来真也
	印刷所	壮光舎印刷株式会社
	製本所	株式会社　グリーン

112-0011　東京都文京区千石 4-46-10
発 行 所　株式会社　コ ロ ナ 社
CORONA PUBLISHING CO., LTD.
Tokyo Japan
振替00140-8-14844・電話(03)3941-3131(代)
ホームページ　https://www.coronasha.co.jp

ISBN 978-4-339-00769-5　C3055　Printed in Japan　　　　　　（楠本）

<JCOPY> ＜出版者著作権管理機構　委託出版物＞
本書の無断複製は著作権法上での例外を除き禁じられています。複製される場合は、そのつど事前に、出版者著作権管理機構（電話 03-5244-5088，FAX 03-5244-5089，e-mail: info@jcopy.or.jp）の許諾を得てください。

本書のコピー，スキャン，デジタル化等の無断複製・転載は著作権法上での例外を除き禁じられています。購入者以外の第三者による本書の電子データ化及び電子書籍化は，いかなる場合も認めていません。
落丁・乱丁はお取替えいたします。

大学講義シリーズ

(各巻A5判，欠番は品切または未発行です)

配本順			頁	本体
（2回）	通信網・交換工学	雁部頴一著	274	3000円
（3回）	伝送回路	古賀利郎著	216	2500円
（4回）	基礎システム理論	古田・佐野共著	206	2500円
（10回）	基礎電子物性工学	川辺和夫他著	264	2500円
（11回）	電磁気学	岡本允夫著	384	3800円
（12回）	高電圧工学	升谷・中田共著	192	2200円
（15回）	数値解析（1）	有本卓著	234	2800円
（16回）	電子工学概論	奥田孝美著	224	2700円
（17回）	基礎電気回路（1）	羽鳥孝三著	216	2500円
（18回）	電力伝送工学	木下仁志他著	318	3400円
（19回）	基礎電気回路（2）	羽鳥孝三著	292	3000円
（20回）	基礎電子回路	原田耕介他著	260	2700円
（23回）	基礎ディジタル制御	美多勉他著	216	2800円
（24回）	新電磁気計測	大照完他著	210	2500円
（26回）	電子デバイス工学	藤井忠邦著	274	3200円
（28回）	半導体デバイス工学	石原宏著	264	2800円
（29回）	量子力学概論	権藤靖夫著	164	2000円
（31回）	ディジタル回路	高橋寛他著	178	2300円
（32回）	改訂回路理論（1）	石井順也著	200	2500円
（33回）	改訂回路理論（2）	石井順也著	210	2700円
（34回）	制御工学	森泰親著	234	2800円
（35回）	新版 集積回路工学（1） —プロセス・デバイス技術編—	永田・柳井共著	270	3200円
（36回）	新版 集積回路工学（2） —回路技術編—	永田・柳井共著	300	3500円

定価は本体価格+税です。
定価は変更されることがありますのでご了承下さい。

図書目録進呈◆

電子情報通信レクチャーシリーズ

(各巻B5判,欠番は品切または未発行です)

■電子情報通信学会編

共通

	配本順			頁	本体
A-1	(第30回)	電子情報通信と産業	西村吉雄著	272	4700円
A-2	(第14回)	電子情報通信技術史 —おもに日本を中心としたマイルストーン—	「技術と歴史」研究会編	276	4700円
A-3	(第26回)	情報社会・セキュリティ・倫理	辻井重男著	172	3000円
A-5	(第6回)	情報リテラシーとプレゼンテーション	青木由直著	216	3400円
A-6	(第29回)	コンピュータの基礎	村岡洋一著	160	2800円
A-7	(第19回)	情報通信ネットワーク	水澤純一著	192	3000円
A-9	(第38回)	電子物性とデバイス	益川一哉 天川修平 共著	244	4200円

基礎

B-5	(第33回)	論理回路	安浦寛人著	140	2400円
B-6	(第9回)	オートマトン・言語と計算理論	岩間一雄著	186	3000円
B-7	(第40回)	コンピュータプログラミング —Pythonでアルゴリズムを実装しながら問題解決を行う—	富樫敦著	208	3300円
B-8	(第35回)	データ構造とアルゴリズム	岩沼宏治他著	208	3300円
B-9	(第36回)	ネットワーク工学	田中村野敬裕介 仙石正和 共著	156	2700円
B-10	(第1回)	電磁気学	後藤尚久著	186	2900円
B-11	(第20回)	基礎電子物性工学 —量子力学の基本と応用—	阿部正紀著	154	2700円
B-12	(第4回)	波動解析基礎	小柴正則著	162	2600円
B-13	(第2回)	電磁気計測	岩﨑俊著	182	2900円

基盤

C-1	(第13回)	情報・符号・暗号の理論	今井秀樹著	220	3500円
C-3	(第25回)	電子回路	関根慶太郎著	190	3300円
C-4	(第21回)	数理計画法	山下信雄 福島雅夫 共著	192	3000円

配本順				頁	本体
C-6	(第17回)	インターネット工学	後藤滋樹 外山勝保 共著	162	2800円
C-7	(第3回)	画像・メディア工学	吹抜敬彦著	182	2900円
C-8	(第32回)	音声・言語処理	広瀬啓吉著	140	2400円
C-9	(第11回)	コンピュータアーキテクチャ	坂井修一著	158	2700円
C-13	(第31回)	集積回路設計	浅田邦博著	208	3600円
C-14	(第27回)	電子デバイス	和保孝夫著	198	3200円
C-15	(第8回)	光・電磁波工学	鹿子嶋憲一著	200	3300円
C-16	(第28回)	電子物性工学	奥村次徳著	160	2800円

展開

				頁	本体
D-3	(第22回)	非線形理論	香田徹著	208	3600円
D-5	(第23回)	モバイルコミュニケーション	中川正雄 大槻知明 共著	176	3000円
D-8	(第12回)	現代暗号の基礎数理	黒澤馨 尾形わかは 共著	198	3100円
D-11	(第18回)	結像光学の基礎	本田捷夫著	174	3000円
D-14	(第5回)	並列分散処理	谷口秀夫著	148	2300円
D-15	(第37回)	電波システム工学	唐沢好男 藤井威生 共著	228	3900円
D-16	(第39回)	電磁環境工学	徳田正満著	206	3600円
D-17	(第16回)	ＶＬＳＩ工学 ―基礎・設計編―	岩田穆著	182	3100円
D-18	(第10回)	超高速エレクトロニクス	中村徹 三島友義 共著	158	2600円
D-23	(第24回)	バイオ情報学 ―パーソナルゲノム解析から生体シミュレーションまで―	小長谷明彦著	172	3000円
D-24	(第7回)	脳工学	武田常広著	240	3800円
D-25	(第34回)	福祉工学の基礎	伊福部達著	236	4100円
D-27	(第15回)	ＶＬＳＩ工学 ―製造プロセス編―	角南英夫著	204	3300円

定価は本体価格+税です。
定価は変更されることがありますのでご了承下さい。

図書目録進呈◆

電気・電子系教科書シリーズ

(各巻A5判)

- ■編集委員長　高橋　寛
- ■幹　　　事　湯田幸八
- ■編集委員　　江間　敏・竹下鉄夫・多田泰芳・中澤達夫・西山明彦

配本順		書名	著者	頁	本体
1.	(16回)	電気基礎	柴田尚志・皆藤新一 共著	252	3000円
2.	(14回)	電磁気学	多田泰芳・柴田尚志 共著	304	3600円
3.	(21回)	電気回路Ⅰ	柴田尚志 著	248	3000円
4.	(3回)	電気回路Ⅱ	遠藤　勲・鈴木靖典・吉澤純恵・降矢拓己・福田和之・吉崎明彦・髙西西郎・下奥　正 共著	208	2600円
5.	(29回)	電気・電子計測工学(改訂版)　—新SI対応—		222	2800円
6.	(8回)	制御工学	下奥　正 共著	216	2600円
7.	(18回)	ディジタル制御	青西　俊・木堀立幸 共著	202	2500円
8.	(25回)	ロボット工学	白水俊次 著	240	3000円
9.	(1回)	電子工学基礎	中澤達夫・藤原勝幸 共著	174	2200円
10.	(6回)	半導体工学	渡辺英夫 著	160	2000円
11.	(15回)	電気・電子材料	中澤・押田・森田・須田・土・山原 共著	208	2500円
12.	(13回)	電子回路	若原健二・伊海充弘 共著	238	2800円
13.	(2回)	ディジタル回路	吉室博・山下純也・澤賀厳 共著	240	2800円
14.	(11回)	情報リテラシー入門		176	2200円
16.	(22回)	マイクロコンピュータ制御プログラミング入門	柚賀正・千代谷慶 共著	244	3000円
17.	(17回)	計算機システム(改訂版)	春日雄・舘泉治 共著	240	2800円
18.	(10回)	アルゴリズムとデータ構造	湯田幸充・伊原八博 共著	252	3000円
19.	(7回)	電気機器工学	前田勉・新谷弘 共著	222	2700円
20.	(31回)	パワーエレクトロニクス(改訂版)	江間敏・高橋勲 共著	232	2600円
21.	(28回)	電力工学(改訂版)	江間甲斐隆章 共著	296	3000円
22.	(30回)	情報理論	三木成英・吉川彦機 共著	214	2600円
23.	(26回)	通信工学	竹下鉄夫・吉川英機 共著	198	2500円
24.	(24回)	電波工学	松田豊稔・宮田克正・南部幸久・田口史 共著	238	2800円
25.	(23回)	情報通信システム(改訂版)	岡田裕・桑原唯充・植月規夫 共著	206	2500円
26.	(32回)	高電圧工学(改訂版)	植月規夫・箕倉雄志・石原史雄 共著	228	2900円

定価は本体価格+税です。
定価は変更されることがありますのでご了承下さい。

◆図書目録進呈◆